地 球

[美] 贝丝·阿莱西（Beth Alesse）——编著

卢 瑜——译

世界图书出版公司
北京·广州·上海·西安

图书在版编目（CIP）数据

地球 / （美）贝丝·阿莱西编著；卢瑜译. —北京：世界图书出版有限公司北京分公司，2021.9

ISBN 978-7-5192-8345-2

Ⅰ.①地… Ⅱ.①贝… ②卢… Ⅲ.①地球—少儿读物 Ⅳ.①P183-49

中国版本图书馆CIP数据核字（2021）第033468号

THE EARTH: A Visual Story of Our Amazing Planet Featuring NASA Images
by Beth Alesse
Copyright © 2019 by Amherst Media, Inc.
Published by arrangement with Amherst Media c/o Nordlyset Literary Agency through Bardon Chinese Media Agency
Simplified Chinese translation copyright © 2021 by Beijing World Publishing Corporation, Ltd.
ALL RIGHTS RESERVED

书　　名	地球
	DIQIU
著　　者	［美］贝丝·阿莱西
译　　者	卢　瑜
责任编辑	赵　茜
封面设计	佟文弘
出版发行	世界图书出版有限公司北京分公司
地　　址	北京市东城区朝内大街137号
邮　　编	100010
电　　话	010-64038355（发行）　64033507（总编室）
网　　址	http://www.wpcbj.com.cn
邮　　箱	wpcbjst@vip.163.com
销　　售	新华书店
印　　刷	河北鑫彩博图印刷有限公司
开　　本	787mm×1092mm　1/16
印　　张	8
字　　数	135千字
版　　次	2021年9月第1版
印　　次	2021年9月第1次印刷
版权登记	01-2019-5694
国际书号	ISBN 978-7-5192-8345-2
定　　价	49.80元

目录

从太空拍摄的地球影像

为了展示那些美丽异常、令人赞叹的太空影像，我们推出了《地球》《太阳》《月亮》这三部曲，《地球》这本书便是其中之一。书中照片有些是由宇航员拍摄的，而有些是由卫星数据制作而成的。部分照片的辨识度很高，一眼就能看出这是地球上的哪个地方；而有的照片看着像是抽象画，不过其中的色彩和纹理无不展示着地表的宏伟壮观。这些照片为我们人类提供了一个全新的、更为有利的视角，让我们去了解我们所居住的地方、了解我们的地球家园。无论这些影像的辨识度如何，拍摄制作时所采用的艺术和技术手段，都为今后的设计和审美带来了一种新的见解。可以相信，从这些图片中，你能够感受到喜悦的迸发和灵感的闪现，它们为探索了解地球提供了途径。

美国国家航空航天局（NASA）与它的国际同行们共享这些地球影像和数据。卫星设备的成像技术及数据在不断地完善、更新，全世界都用它来提高农作物产量、扑灭火灾、处理紧急情况和灾害救助（如山体滑坡、洪水）、预测天气、跟踪旱情、监测积雪，以及分辨气候变化等。

作为本书的编辑和策划，我尽量从图片所在的网站上得到相关版权。由于类似的图片也可以在不同的网站上找到，只是授权可能会有所不同。如果我有所遗漏，请与我联系，我们将在以后的版本中进行更正。另外，如果你想对图片形成的过程进行解释，也欢迎随时联系我们。对于那些拥有好的图片、但是没有被收录进本书的人，我也希望能够听到你们的意见，毕竟，做出每一个选择都是很困难的。

时至今日，图像和数据的收集仍在与日俱进，这有助于我们对地球做出新的重大发现。这些发现是划时代的，并且将会不断给这个地球的守护者们以启示。下面就让我们开始欣赏这些令人惊叹的地球影像吧！

贝丝·阿莱西

BAlesse@AmherstMedia.com

早期的胶片太空影像

1609年，意大利科学家伽利略首次用新发明的望远镜对准了夜空，他看到了月球、行星、恒星，以及更为遥远的地方。伽利略的观测最终改变了人类对宇宙的理解。大约四个世纪以后，NASA及其研究人员一改前人的做法，开始从太空中观测地球。相机拍摄的照片和来自卫星仪器的数据正在改变我们对地球的认识。

上页的这张地球照片，来自阿波罗11号机组，这是他们在飞向月球的途中拍摄的。下面这张照片同样来自他们，拍摄于返回地球的途中。

航天员尼尔·阿姆斯特朗、迈克尔·科林斯和艾德温·小奥尔德林驾驶着阿波罗11号飞船，上面搭载着那台著名的哈苏相机。相机使用70mm镜头和胶片记录，很多早期的照片都是用这台相机拍摄的。

图片来源（上页图和下图）：美国国家航空航天局

美国人第一次太空行走

　　1965年，美国人爱德华·怀特在执行双子星4号任务时，首次实现了太空行走。当时，他的右手拿的不是相机，而是一个手持自操纵装置，这个装置能够帮助他在失重的太空中移动。为确保安全，有一条23英尺（编者注：1英尺=0.3048米）长的线缆将他与双子星飞船连接在一起。

　　与此同时，宇航员詹姆斯·麦克迪维特在飞船里面监视着怀特的太空行走和通讯，并拍摄了这些令人惊叹的太空行走照片。这些具有历史意义的照片，至今仍广为流传。

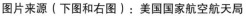

图片来源（下图和右图）：美国国家航空航天局

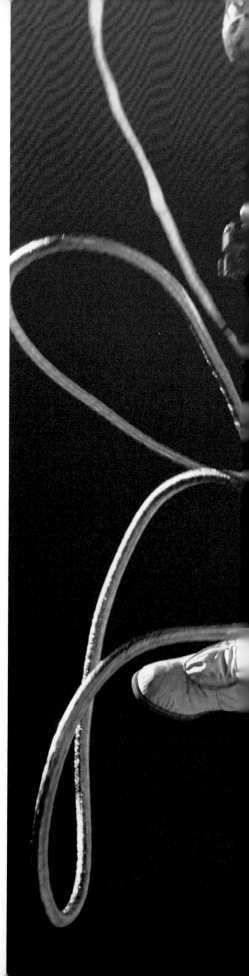

图片来源（上图和下页图）：美国国家航空航天局

双子星7号，1965年

这张照片于1965年在双子星7号太空船上所拍摄。在照片中能够看出安第斯山脉正被扇形的云层所覆盖。

在照片的左侧能够明显地看出地球的明暗分界线。在这里，这颗行星被分成了光明和黑暗两部分，或者说被分成了白天和黑夜。

阿波罗12号，1969年

这个梦幻的场景是在阿波罗12号太空船上拍摄的。当时飞船在从月球返回地球的途中，地球正好位于飞船和太阳之间。

这是一张独一无二的日食照片，至少在地球上，以前从未见过。

天空实验室4号，1974年

天空实验室空间站拍摄了加拿大哈德逊湾的这些冰层的形成。与之前的阿波罗和双子星任务一样，空间站上搭载了一台70mm焦距的哈苏胶片相机，用来从各个角度拍摄地球。

图片来源（上页图和下图）：美国国家航空航天局

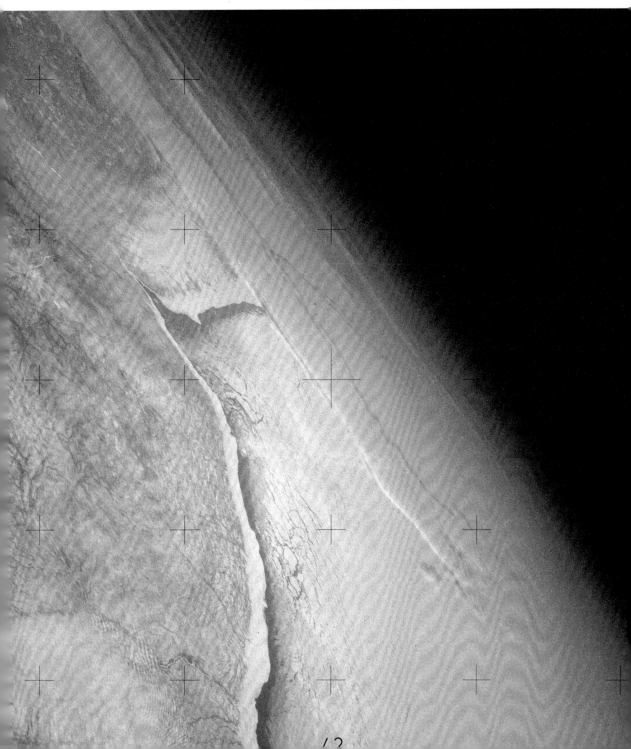

STS-64任务，
发现号航天飞机，
1994年

　　这张照片是在航天飞机上用哈苏相机手持拍摄的，当时航天飞机处在距离地面130海里的高空。

图片来源：美国国家航空航天局

凝视地球

图片来源：美国国家航空航天局

在阿波罗计划中，拍摄使用的都是胶片相机。从1981年到2011年，许多照片都来自NASA的航天飞机。现在，我们看到的地球的影像，大多数是出自国际空间站携带的数码相机和数字运动相机，以及来自绕地球运转的人造卫星所采集的数据。这张照片拍摄于2016年，航天员手持尼康D4相机，透过空间站的圆顶模块窗口拍摄的地球。

太空中的相机

约翰·格伦是第三位进入太空的美国人，也是第五位进入太空的宇航员。1962年2月20日，他搭乘水星飞船系列中的友谊7号飞向太空。格伦随身携带了一架改装过的安斯科自动35mm相机，机身由美能达公司制造。下面这张照片是第一批从太空拍摄的地球照片之一。

在后来的任务中，哈苏相机（下页，下图）被NASA广泛使用了许多年，直到有了更轻便的相机出现。这些照片通常是用手持相机拍摄的。有时相机会经过改装，比如说需要给机身添加锚点或附件，让相机能够附着在宇航服上。哈苏相机还被带到了月球，用来在途中拍摄地球的照片。

最近，红外线、紫外线、运动和其他不同类别的专门摄像机，以及来自不同品牌的相机，包括尼康、索尼、柯达等，已经在各种任务中被广泛使用。NASA还开发了一套高清晰度地球观测系统，并搭载在同步位置保持、连通与再定向试验卫星（SPHERES）上进行了测试。SPHERES卫星的相关操作是半自动的。

时至今日，相机拍摄的分辨率已大大提高，并仍在不断得到改善。同样，镜头的技术也在不断得到改进提升。

图片来源：美国国家航空航天局宇航员约翰·格伦

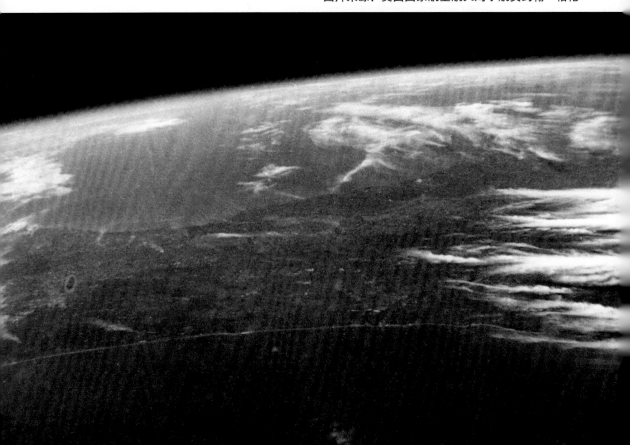

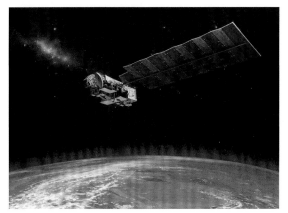
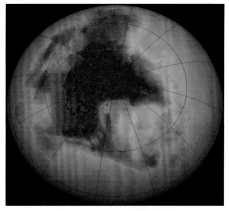

图片来源（左图、右图和下图）：美国国家航空航天局

卫星及其装备

卫星环绕地球运行，上面可以搭载各种各样的仪器来成像，这个过程可以用拍摄，也可以不用拍摄来进行。这些影像不仅看起来很漂亮，而且有助于将收集到的数据可视化。上图中的右图就是一个例子，这是由NASA发射的Aura卫星上所搭载的臭氧层监测仪绘制的臭氧分布地图。

Aura卫星也是地球观测系统的三个主要组成部分之一，另外两个则是Aqua卫星和Terra卫星，分别用来检测水和土壤。在Aura卫星上还搭载了多个设备，包括高分辨率动态边缘探测器（HIRDLS）、微波分叉发声器（MLS）和对流层放射光谱仪（TES）。

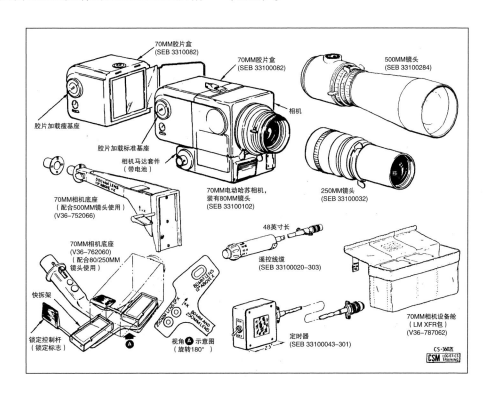

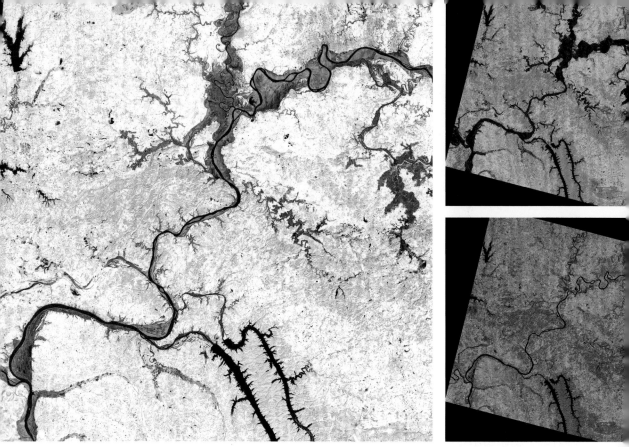

卫星及其数据

据估计，现在地球轨道上可能有多达3600颗卫星，其中1000颗正在运行。并不是所有的卫星都是地球观测卫星，有些可能是用于通讯、导航和太空望远镜。另外，有些卫星运行是在近地轨道、极地轨道和对地静止轨道等特殊的轨道上进行的。

技术升级和国际合作是卫星相关业务的重要组成部分。例如，重力恢复和气候实验（GRACE）卫星是一个联合任务，由喷气推进实验室和德国地学研究中心合作完成。任务对GRACE-FO卫星进行了升级更新。另一颗卫星，陆地遥感卫星系统，是一个由九颗卫星组成的卫星系统。其中的陆地卫星8号是NASA和美国地质勘探局（USGS）合作完成的。相互间的合作可以具体到卫星上搭载的某个仪器。

卫星上各种不同的仪器采集得到大量的数据，我们看到的图像，就是对这些数据进行处理和多时间段拟合，再与照片、地图进行合成而最终得到的。上图显示的是沃巴什河和俄亥俄河汇合处的情景。正常流动的河流（右下图）与来自春季汛期（右上图）图像合成，最终得到了左上这幅图片，图中的人工着色带，能够很好地分辨出汛期洪水泛滥的地区。

美国国家海洋和大气管理局（NOAA）的GOES-16卫星被用来进行天气预报，分辨大气中的各种水蒸气、烟雾、冰和火山灰。它利用月球进行自身校准。这颗来自美国国家航空航天局的"世界全景"（下图）卫星，显示波多黎各正在遭受飓风玛利亚的袭击。

NASA和美国地质勘探局（USGS）合作研制的实验先进机载研究激光雷达被搭载在飞机上，它利用激光测量进行地表地图的测绘（上图），以及绘制水面以下的地形图。

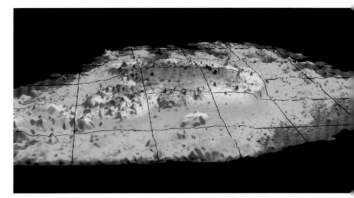

图片来源（上图）：美国地质勘探局的约翰·布洛克，美国国家航空航天局沃洛普斯飞行中心的韦恩·赖特

图片来源（下图）：美国国家航空航天局的"世界全景"卫星

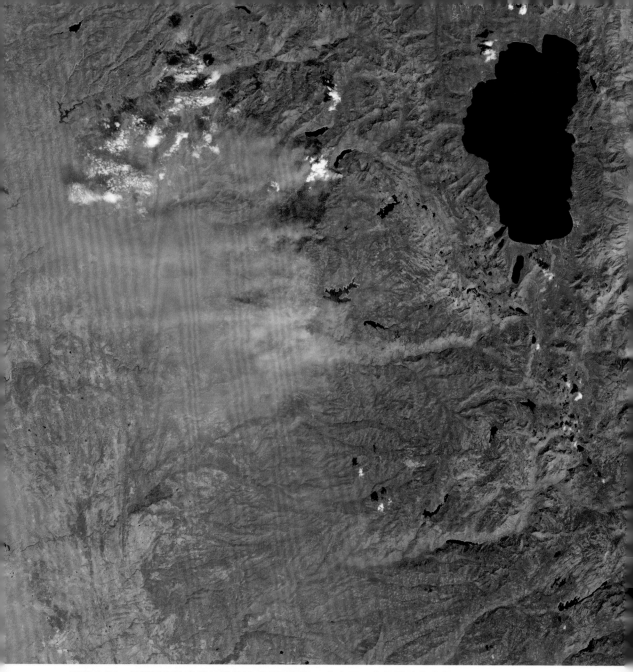

图片来源：美国国家航空航天局的地球观测图像，由杰西·艾伦最终合成得到，并使用了美国地质勘探局地球资源卫星的数据

快速反应系统

　　最初，快速反应系统使用Terra卫星上的中分辨率成像光谱仪（MODIS）来帮助美国林务局（USFS）和国家林火协调中心（NIFC）完成他们的工作。很快，美国其他的联邦机构、州和媒体用户也开始要求使用这些实时图像。

热成像

上页的那张图和其他类似的实时成像图片，可以帮助消防员和救援人员执行任务。与真彩照片不同，来自红外线、热量、紫外线的数据信息是不可见的，只有在对其指定颜色后，才能在图片中看到。信息在图像中清晰可见。这幅人工着色图片显示了2014年加州超级大火的移动情景，为消防员灭火提供了更及时和准确的火灾信息。

热成像给气象学家提供了飓风内部的信息，上图是2007年飓风诺伊儿的热图像。

下图是2017年9月20日飓风玛利亚的热图像。飓风玛利亚形成于波多黎各上空（参见本书17页，在几乎同样的地理位置），热成像技术有助于评估飓风风眼附近雷暴的威力。搭载在NASA–NOAA联合研制的索米国家极地轨道伙伴（Suomi NPP）卫星上的可见光红外成像辐射仪（VIIRS），被用来捕捉这张图像（下图）。

图片来源（上图）：美国国家航空航天局全球快速反应团队

图片来源（下图）：美国国家航空航天局

大部分从太空拍摄的地球影像，我们看起来是很熟悉的。然而，也有很多的图片，在我们看来是全新的、陌生的，就像是显微镜或微距镜头拍摄的效果。这些来自太空的图像含有丰富的信息，并且改变了人们对地球的看法。

熔岩地表

上页图片是叙利亚南部的一片熔岩地表。下图看起来像一幅抽象画，其中有着诸多的圆环状连续线圈，在图片的中心和左上角尤其明显，这些其实是过去一段时间火山活动过后，火山灰形成的锥状堆积物。这幅图是由日本研制的先进星载热辐射与反射测量仪（ASTER），搭载在NASA发射的Terra卫星上，在2009年拍摄的。

图像背后的信息

下面的这幅图看起来色彩艳丽、十分有趣，然而这不是它本身的真实含义。有的人会觉得它很漂亮，但更为重要的是，图片传递出了诸多的科学发现，这几乎和数据、图表的作用是一样的。图片中的颜色信息来源于雷达数据，中间的同心圆代表了智利卡尔布科火山附近地表的下沉状况。由于火山的喷发，地下的岩浆减少了，因而导致下沉的发生。

图片来源（上页图）：美国国家航空航天局、戈达德太空飞行中心、日本经济产业省、日本地球遥感数据分析中心、日本资源调查用观测系统研究开发机构，以及美国和日本ASTER科学团队

图片来源（下图）：欧洲航天局，美国国家航空航天局，加州理工学院喷气推进实验室

美丽的地球

宇航员、卫星和太空望远镜，拍摄了许多的地球图像，这些图像在图案、细节、线条、形状和颜色上都显得非常精致、细腻。面对这些由数据创作而成的作品，科学家、技术人员和艺术家们不仅能够用之来推动科学发展，也能够管理运行我们的这个世界。分享共同的地球之美，这也是这些图像给我们带来的美好体验。

海拔最低的国家

马尔代夫是世界上平均海拔最低的国家，仅在海平面上1.5

图片来源：美国国家航空航天局、戈达德太空飞行中心、日本经济产业省、日本地球遥感数据分析中心、日本资源调查用观测系统研究开发机构，以及美国和日本ASTER科学团队

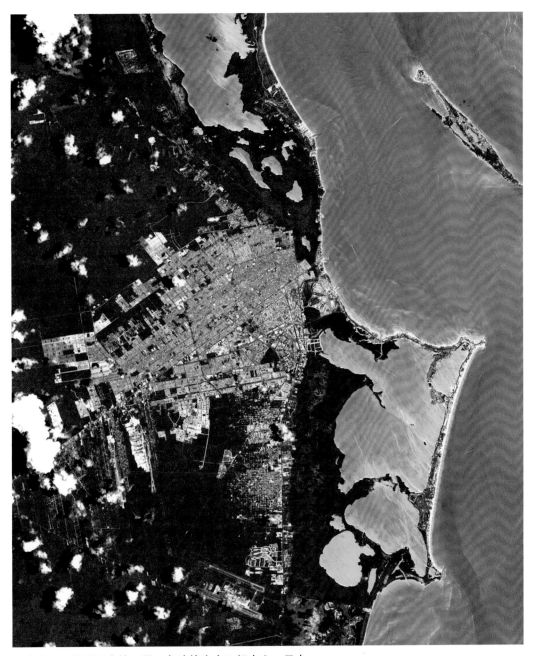

图片来源：美国国家航天局、戈达德太空飞行中心、日本经济产业省、日本产业技术综合研究所、日本空间系统开发与利用促进组织，以及美国和日本ASTER科学团队

坎昆

米左右。因而这个国家很容易受到风暴和气候变化的影响。

坎昆是墨西哥的一个度假城市。上图是在2014年，由Terra卫星上搭载的先进星载热辐射与反射测量仪（ASTER）拍摄到的。

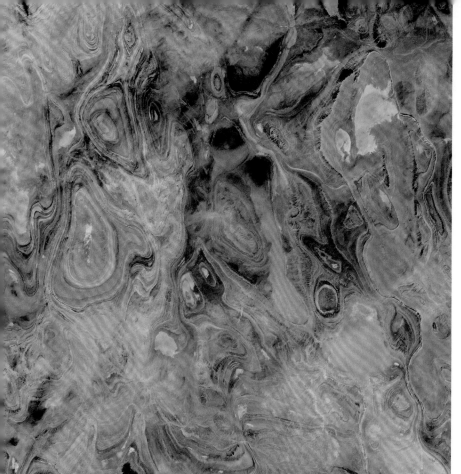

干燥的盆地

这个干旱的地方是塔奈兹鲁夫特盆地，位于撒哈拉沙漠。图片显示出的自然色彩令人惊叹，这是由陆地卫星8号拍摄的。

古老的沙丘

哥白尼-哨兵2号探测器在2018年拍摄下了这张红色的图片（左下图），并由欧洲航天局（ESA）进行了后期处理。它展示了喀拉哈里沙漠的西部状况，那里的沙丘有超过12000年的历史。那些横亘整张图片的线条，是沙漠中一条条的道路。

图片来源（上图）：美国国家航空航天局的地球观测图像，由杰西·艾伦最终合成得到，并使用了美国地质勘探局地球资源卫星的数据

图片来源（下图）：欧洲航天局

棋盘森林

    2017年，一名宇航员在国际空间站拍摄下了这张图片，其中棋盘状结构的部分实际上是爱达荷州的一片森林。森林中更年轻、更矮小的树木被雪覆盖，因而呈现出白色；更年长、更高大的树木看起来则是深棕色的。

冰桥行动

    NASA的"冰桥行动"项目对于预测北极海冰状况有帮助。这是一种航空勘测，能够绘制出融化冰层的范围、频率和深度。

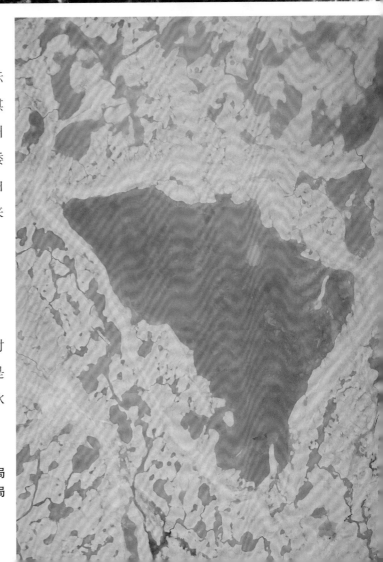

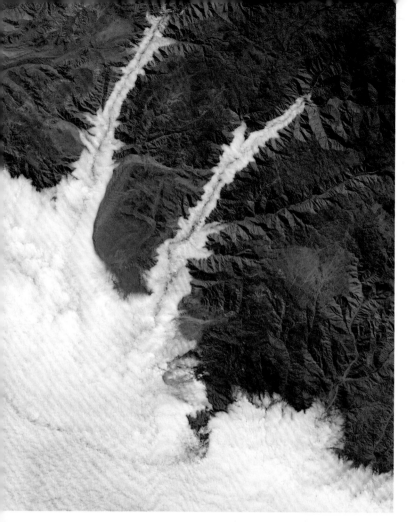

秘鲁上空的云

2015年7月26日，云层在秘鲁某个深谷的上空聚集(上图)。这幅图片是用陆地卫星8号上的仪器拍摄的。

冰丘变迁为岛屿

这是一个沉没的冰丘（下图），位于爱尔兰梅奥郡的克鲁湾，图片拍摄于2016年5月31日。图中这些被水环绕的低矮山丘，是冰川融化后的沉淀物。

图片来源（上图）：美国国家航空航天局的地球观测图像，由约书亚·史蒂文斯最终合成得到，并使用了美国地质勘探局地球资源卫星的数据

图片来源（下图）：美国国家航空航天局、戈达德太空飞行中心、日本经济产业省、日本产业技术综合研究所、日本空间系统开发与利用促进组织，以及美国和日本ASTER科学团队

图片来源：美国国家航空航天局、戈达德太空飞行中心、日本经济产业省、日本产业技术综合研究所、日本空间系统开发与利用促进组织，以及美国和日本ASTER科学团队

格陵兰岛的首个挪威人定居点

这张图片拍摄于2016年6月13日，显示了挪威人在格陵兰岛的第一个定居点。根据放射性碳元素测定，它大约在1000年左右就已经存在了。

这个定居点在英语中被称为Brattahlid，即布拉塔利德（图中黄色星号标示处），就在今天的卡西亚苏克岛附近。它是著名的冰岛探险家莱夫·埃里克森的父亲，也就是红发埃里克在格陵兰岛西南部的庄园。

落基山脉

洛基山脉因其自身绝对的高度，经常会阻碍云层的移动。2017年1月9日，欧洲航天局第50次探险飞行任务工程师托马斯·佩斯凯在国际空间站，拍摄了这张落基山脉的图片（下图），并分享在社交媒体上。

图片来源：欧洲航天局，美国国家航空航天局

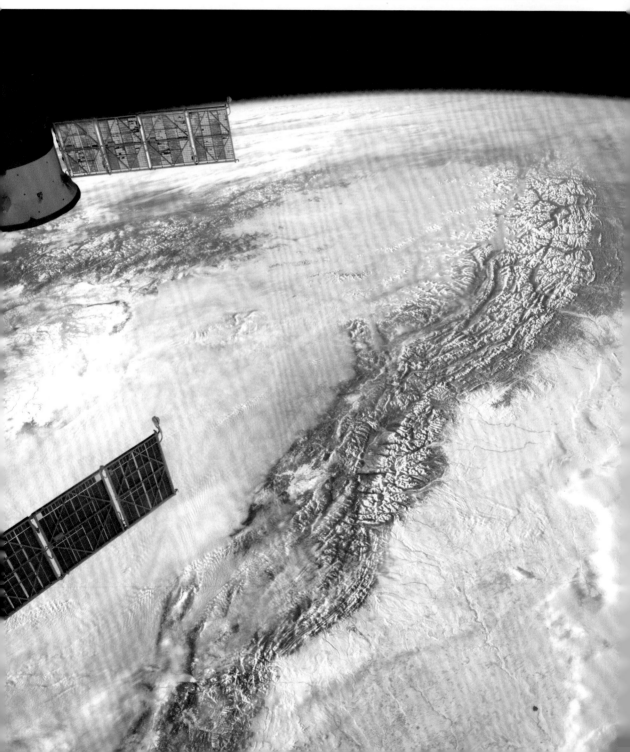

图片来源：美国国家航空航天局、戈达德太空飞行中心、日本经济产业省、日本地球遥感数据分析中心、日本资源调查用观测系统研究开发机构，以及美国和日本ASTER科学团队

乌嘎布河

乌嘎布河流经纳米比亚的北部。上图是河流的人工着色图像。该图像是在2000年12月25日，由NASA的Terra卫星所搭载的先进星载热辐射与反射测量仪（ASTER）拍摄的。

图片中大部分的土地，是由沉积岩、砂岩和粉砂岩构成的，其中的粉砂岩是比砂岩更细的颗粒。NASA的地球天文台从卫星图像和宇航员的摄影中收集了一些图像，其中就使用了这幅图像来表示字母"Y"。不同的地表图像看起来就像是26个不同的字母，组成了一套完整的英语字母表。

图片来源（上图和下页图）：美国国家航空航天局

佛得角群岛

2009年5月15日，亚特兰蒂斯号航天飞机在执行STS-125任务（任务区间是2009年5月11日至24日）。上面的这张图片是在对哈勃太空望远镜进行修复和升级时拍摄的。

图片中，低矮的云层覆盖着佛得角群岛。这个国家的官方名称是佛得角共和国，它是由非洲西北海岸大西洋上的十个火山岛组成的。该群岛起源于火山。福戈火山是这个国家最大的活火山，上次喷发是在2014年。

下页的两张图片，显示了在维修任务中航天飞机所使用的由加拿大制造的遥控系统。任务专家约翰·格伦斯菲尔德（在操纵器系统的末端）和安德鲁·弗斯特尔（在顶部中间）参加了此次任务的最后一次太空行走。他们工作的场所，就在地球的上空。

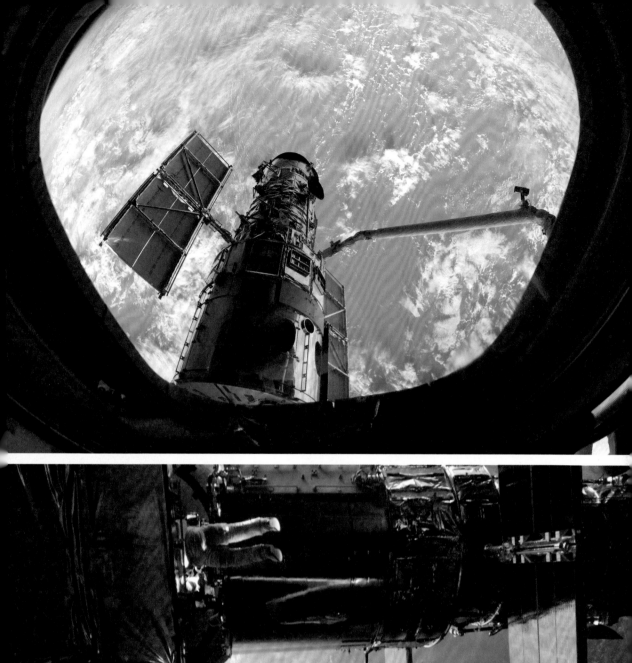

图片来源：美国国家航空航天局

佛罗里达海峡

上图是1964年6月4日在双子星4号飞船上拍摄的，使用的正是哈苏相机和70mm镜头。宇航员詹姆斯·麦克迪维特和爱德华·怀特的此次任务，就包括给地球拍摄天气及地形的照片。

澳大利亚艾尔湖

艾尔湖（下页，上图）是一个季节性盐湖，年平均降水量不足5英寸。它位于澳大利亚，平均海拔位于海平面50英尺以下。湖泊的大小、形状随降雨和天气的变化而随时变化。

热成像显示，艾尔湖地区随着季节和降雨量的不同而变化很大。这三张图片都很令人惊叹。上面的热图像拍摄于2016年，使用可见光红外成像辐射仪（VIIRS）的SVI通道拍摄；中间的是张合成图，拍摄于1999年，它使用了来自陆地卫星7号的红外、近红外和蓝光波段的数据进行了合成；下面这张图片是哥伦比亚号航天飞机的机组人员在1990年拍摄的。

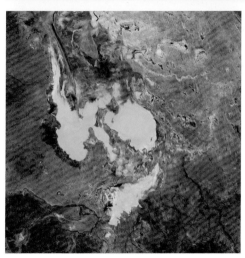

图片来源（上图）：美国国家海洋和大气管理局环境可视化实验室
图片来源（中图和下图）：美国国家航空航天局

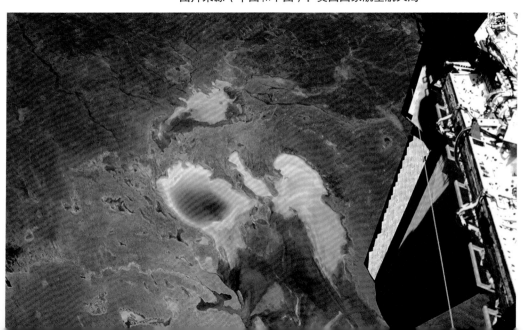

图片来源：美国国家航空航天局

浮游生物水华

上页的图片是由叶绿素数据，以及索米国家极地轨道伙伴（Suomi NPP）气象卫星上搭载的可见光红外成像辐射仪（VIIRS）监测到的红、绿、蓝波段的数据综合而成的。这一过程突出了颜色的差异，揭示了浮游生物繁盛的一些微妙特征。

多种多样的光

上图是2015年4月18日，在国际空间站拍摄的褐金色日落。这张图片包含了很多的细节：空间站结构的展示、地面上的城市灯光、云层中的闪电（在图片的中下方和右侧），还有穿透地球地平线的红色极光。

洪水泛滥的地表

2017年9月5日，NASA的Terra卫星拍摄到了飓风哈维。右图显示了飓风哈维在美国得克萨斯州休斯敦地区引发的内陆洪水。

图片来源（右图）：美国国家航空航天局、日本经济产业省、日本产业技术综合研究所、日本空间系统开发与利用促进组织，以及美国和日本ASTER科学团队

图片来源（上页图）：美国国家航空航天局的科学家诺曼·库灵，他同时使用了索米国家极地轨道伙伴气象卫星上搭载的可见光红外成像辐射仪（VIIRS）的相关数据

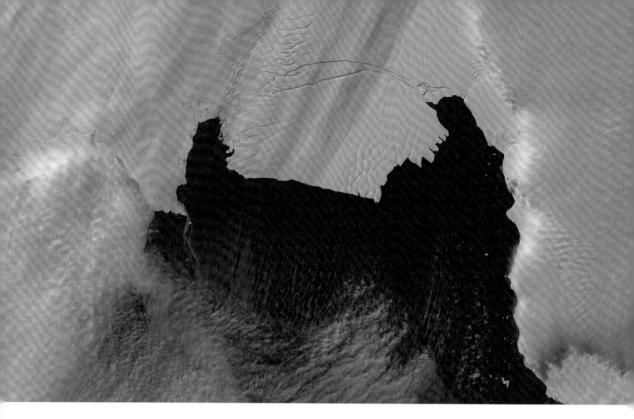

冰川崩裂

2013年，陆地卫星8号上的陆地成像仪（OLI）拍下了这张图片（上图）。图片显示一座冰山正从南极洲松岛冰川边缘分离出来。

图片来源（上图）：美国国家航空航天局的地球观测图像，由霍利·里贝克最终合成得到，并使用了美国地质勘探局地球资源卫星"陆地8号"的数据

印度尼西亚润岛

下图中显示的是班达群岛，其中左侧的是润岛。这些岛屿原本是肉豆蔻的唯一产地。这张图片拍摄于2016年1月5日，是由先进星载热辐射与反射测量仪（ASTER）拍摄的。

图片来源（下图）：美国国家航空航天局、戈达德太空飞行中心、日本经济产业省、日本地球遥感数据分析中心、日本资源调查用观测系统研究开发机构，以及美国和日本ASTER科学团队

撒哈拉沙漠

撒哈拉沙漠几乎和中国或美国的国土面积一样大，包括了北非的大部分地区。陆地卫星7号拍下了这张撒哈拉沙漠中的大风沙带（右上图）。风沙带位于乍得的特克兹绿洲附近。

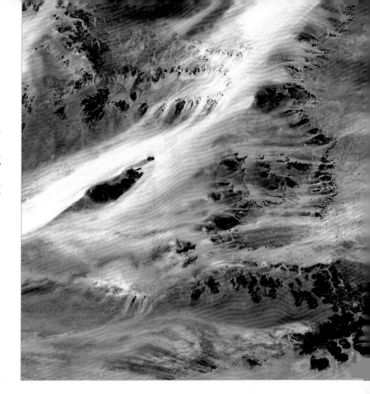

3000多座冰川

这张新西兰冰川的图片（右中图）是由Terra卫星上搭载的先进星载热辐射与反射测量仪（ASTER）拍摄的。新西兰有3000多座冰川，其中大部分在一个多世纪以前就已经消退。短期内少数几座冰川有所扩展，但总体而言，它们似乎难以恢复到其原有规模。

季节性湖泊

右下图是位于西澳大利亚的麦凯湖。随着季节变化，这里有数百个稍纵即逝的小湖泊。图中不同的颜色，分别表示沙漠植被、藻类、水塘和不同等级的土壤湿度。

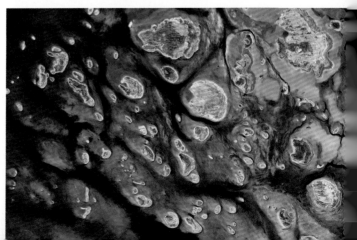

图片来源（右上图）：美国国家航空航天局

图片来源（右中图和右下图）：美国国家航空航天局、戈达德太空飞行中心、日本经济产业省、日本地球遥感数据分析中心、日本资源调查用观测系统研究开发机构，以及美国和日本ASTER科学团队

咸海

咸海（上图）曾经是世界上最大的湖泊之一，拥有着广阔的湿地，如今却正在逐渐变得干涸。图中的黑色区域表示该处仍然有水存在。

密西西比河的淤泥

密西西比河（下图）流经路易斯安那州，最终注入墨西哥湾。图中的蓝色阴影表示水流冲刷带来的泥沙淤积。

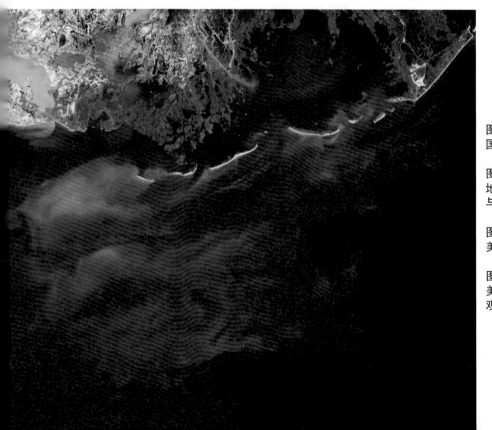

宇航员的视角

　　上图是宇航员通过国际空间站的圆顶窗户拍摄到的景象。从图片中可以看到国际空间站的一部分结构，也可以看到令人惊叹的地球美景。

人工着色模式

　　右图所示的人工着色图像，显示了在西澳大利亚入海口处淤积的沉积物和营养物质。

大气层

我们在地面上仰望天空，大气层看起来似乎漫无边际。但如果身处国际空间站，我们就可以看到地平线上大气层的真实厚度。地球表面覆盖着的薄薄一层大气，保护着地球上所有的生命。大气层能够使空气变暖，避免温度产生极端的变化，还能让水保持液态存在。大气层内发

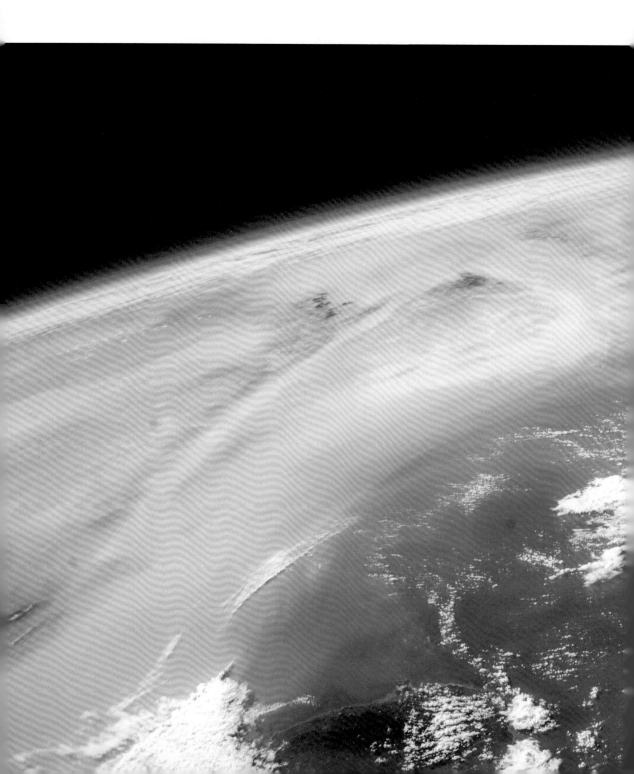

生着各种天气变化：云、雨、风、雪和阳光。当然，这里还会有各种风暴，比如飓风和雷暴，当然还有春日的细雨。

我们已经了解到，水循环是在大气层内进行的，雨水能够给我们带来生活饮用、植物生长和农业所需的淡水。从几百万年前开始，地球上的生物就对大气层施加影响，使之逐渐成为今天这个样子，而植物仍然持续让地球大气保持在一个健康的状态。

图片来源：美国国家航空航天局，国际空间站

天气

　　天气是用来描述降水、温度、风、湿度、云量，以及大气中其他的自然现象，这些能够在特定的时间对特定的地点造成影响的气象要素。天气是一直变化着的。

气候

　　气候常用来描述一个特定地点一段较长时间内的预期的天气。它是一年中某个地点和时间的平均天气情况。

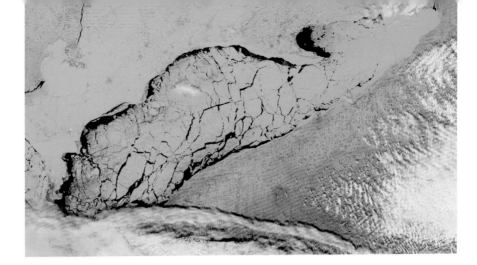

五大湖区

  Terra卫星和Aqua卫星上搭载的中分辨率成像光谱仪（MODIS），对红外和可见光两个波段的数据进行了采集和整合，最终得到了这些五大湖区的图像。图片中呈现出黑色的部分，是没有冰的开放水域。淡蓝色的部分是积雪。伊利湖（见左图右侧和上面的细节图片）是所有湖泊中最浅的，因此更容易结冰。

图片来源（左图和上图）：美国国家航空航天局的地球观测图像，由杰夫·施迈尔兹最终合成得到，并使用了来自中分辨率成像光谱仪的数据

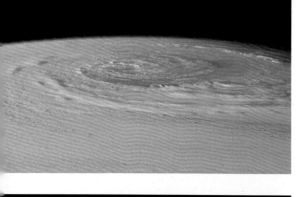

云

云实际上是大气中的水蒸气，在太空中看来，云似乎充满了无穷无尽的变化。左上图中的这些云形成了一个巨大的气旋结构，非常厚，云层底下被挡得严严实实。

在中间这张图片中，菲律宾海上空的云在水面上清楚地呈现出它们的倒影。而在下图中，俄罗斯东部上空的这些云的分布与风向一致。下页的云图是通过国际空间站"地球之窗"项目获得的，也是国际空间站"人人享有科学"项目的一部分。

图片来源（左上图）：美国国家航空航天局，国际空间站
图片来源（中图）：美国国家航空航天局，国际空间站
图片来源（下图）：美国国家航空航天局，国际空间站

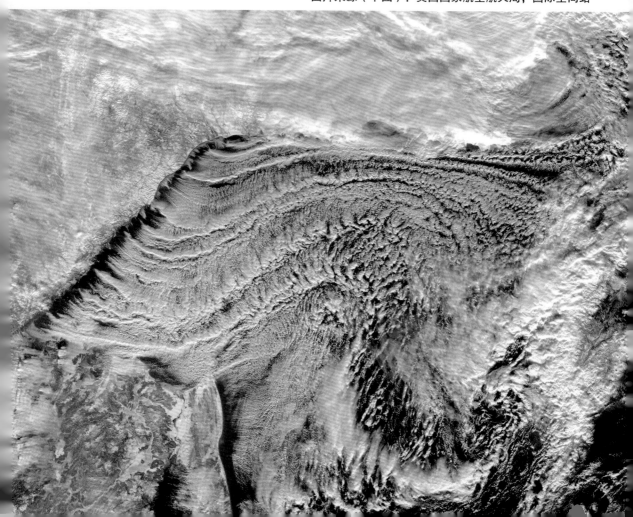

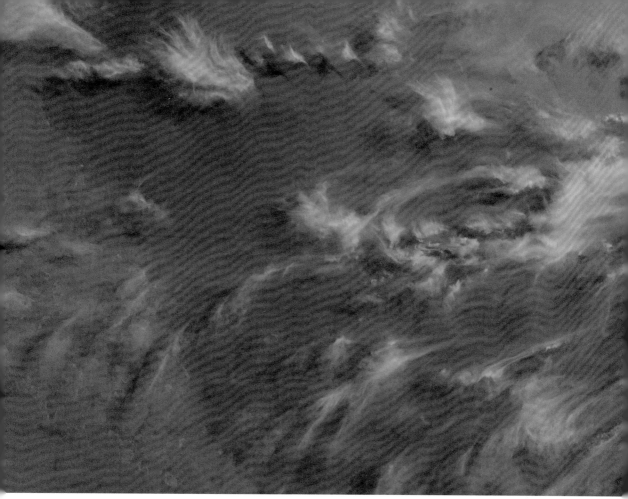

图片来源（上图和下图）：美国国家航空航天局，国际空间站

精灵

　　地球的大气层相对是比较薄的，从这张夜景图片中很容易就能看出来，透过透明的地平线可以看到大气层的厚度。地球上的生命在逐渐地改造着大气层，同时，大气层又一直在保护着地球上丰富而多样的生命。大气中包含了许多不同的系统和现象，仍然需要我们不断地去研究。

　　最近的一个发现是关于"精灵"这个现象的。1989年，人们第一次在大气层中拍摄到了粉红色的光。"精灵"是一种在雷暴中冷电离子体发生的大范围放电现象。与闪电现象不同，"精灵"是一种冷

放电现象。

在下图中，地平线上方的大光斑是得克萨斯州上空升起的月亮。那些黄色的灯光，来自休斯敦、达拉斯，还有这些城市周围社区的夜景照明。

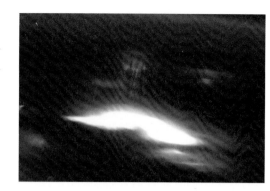

图片来源：美国国家航空航天局约翰逊航天中心"航天员地球摄影"门户网站

阴霾、污染和灰尘

　　韩美空气质量监测（KORUS–AQ），是NASA和韩国共同研究、监测韩国上空空气质量的一个联合项目。下面这张卫星图像拍摄于2007年，一团污染的空气正在穿过朝鲜半岛，向日本方向移动。

　　塔克拉玛干沙漠（下页，上图）位于中国的西北。三面环山的地形，让风吹起了灰尘和沙砾，导致尘霾、沙丘的形成，并不断移动。索米国家极地轨道伙伴（Suomi NPP）卫星上搭载的可见光红外成像辐射仪（VIIRS）拍摄了这张图片。

　　下页下图中的雾霾，则是由空气污染造成的。根据联合国的数据，污染每年在西太平洋造成200万人死亡。

图片来源：美国国家航空航天局

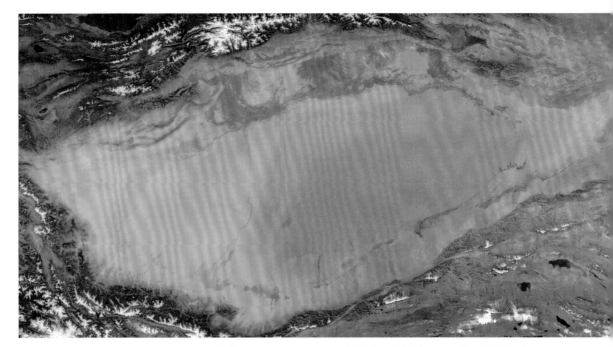

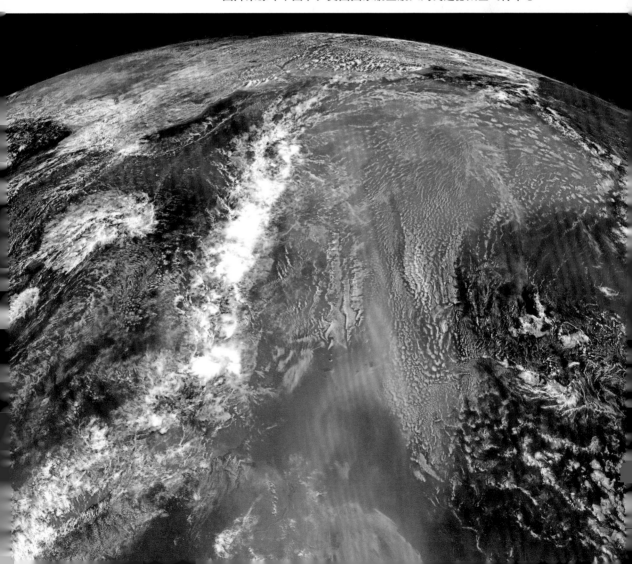

极寒之地

南极洲东部高原（上图）保持着地球上最冷地方的纪录：2010年8月10日，零下93.2℃。

西伯利亚东北部（下页图）则是地球上持续有人居住的最寒冷之地，最低温度达到零下67.8℃。

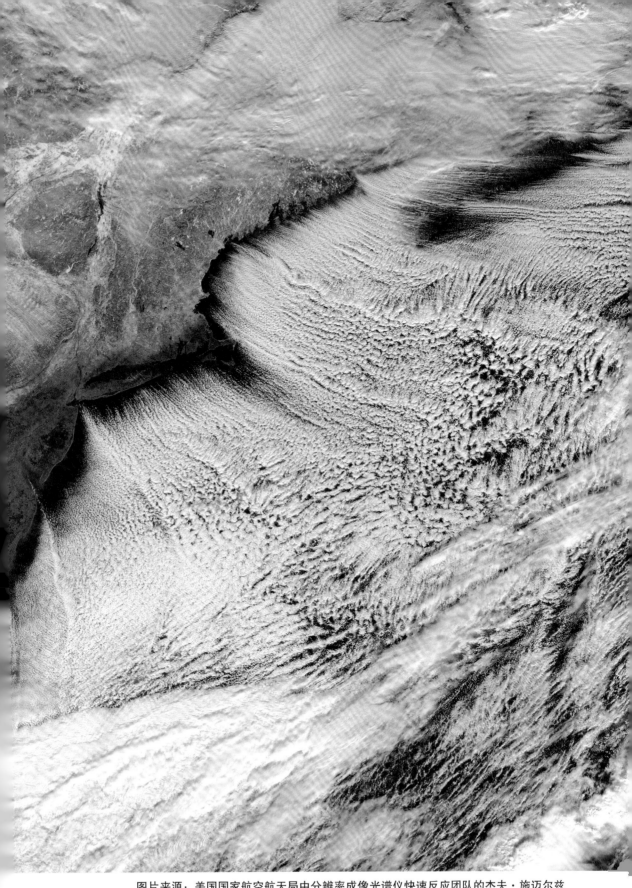

图片来源：美国国家航空航天局中分辨率成像光谱仪快速反应团队的杰夫·施迈尔兹

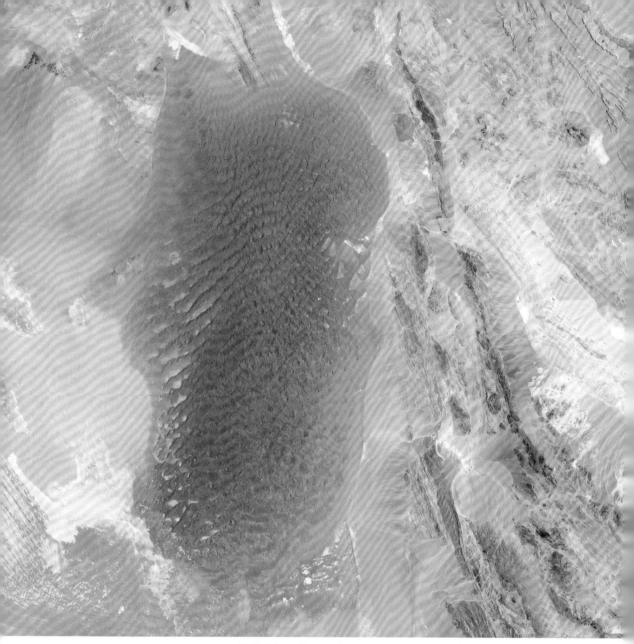

图片来源：美国国家航空航天局的地球观测图像，由中分辨率成像光谱仪快速反应团队的杰西·艾伦和罗伯特·西蒙最终合成得到，并使用了来自美国地质勘探局"陆地7号"卫星的相关数据

极热之地

世界上最热的地方在利比亚的阿齐齐亚，1922年测得的温度达到了58℃。第二名（也是之前的纪录保持者）是1913年7月在加州的"死亡谷"测得，当时的温度是56.7℃。

以前的高温数据来自陆基的测温设备，测温点实际上处于地面的上方；如今，卫星可以直接测量实际的地面温度。经过数年的地表测量，卢特沙漠在2005年创下了单点温度最高纪录，达到了

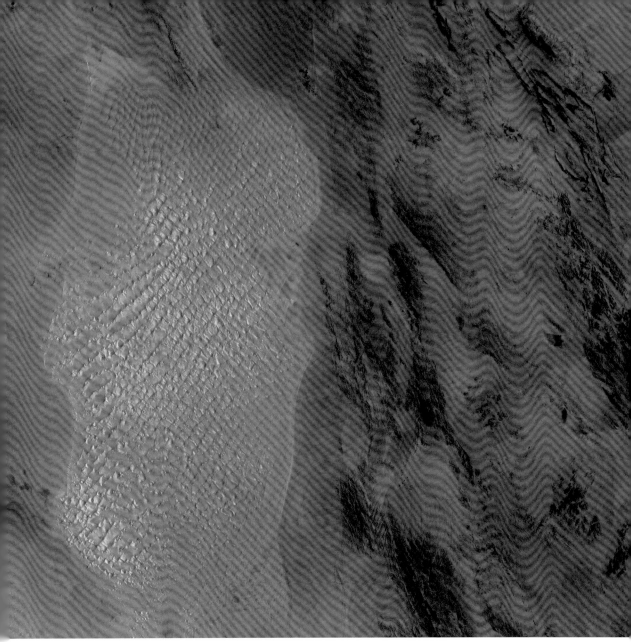

图片来源：美国国家航空航天局的地球观测图像，由中分辨率成像光谱仪快速反应团队的杰西·艾伦和罗伯特·西蒙最终合成得到，并使用了来自美国地质勘探局"陆地7号"卫星的相关数据

70.7℃。

　　上页的图片色彩是现场的真实颜色，而上图则显示的是这片土地的温度情况。其中暗的区域表示温度相对略低，越明亮的地方，表示地表温度越高。

　　另外，还有几个地方也接近了以上高温纪录。2003年，在澳大利亚昆士兰州的灌木林地里，测到了69.3℃的高温；2008年在中国新疆的火焰山，测得了66.8℃的超高温度。

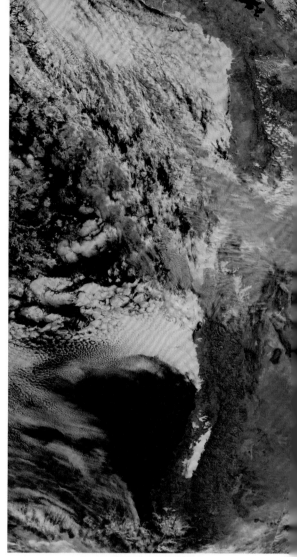

图片来源：美国国家航空航天局

极旱之地

数据显示，南美洲的阿塔卡马沙漠是地球上最干旱的地方。上面的图片显示2011年7月这一地区的降雪为32英寸（编者注：1英寸=2.54厘米），这在当地也十分罕见。这些图片来自NASA Terra卫星上的中分辨率成像光谱仪（MODIS）。上面的左图，是一张真实色彩的照片，与之相对比，上面的右图则囊括了红外线的数据影像。其中暗红色部分是降雪，亮红色和白色的区域则是云层。下面的图片则十分典型，显示出在阿塔卡马沙漠中的采矿行为。

极湿之地

目前地球上最潮湿的地方是印度梅加拉亚邦的玛坞西卢（右图），平均降雨量为11.87米。1985年，这里的降雨量竟达到了创纪录的25米。

虽然夏威夷的茂宜岛只排在第七位，但它每年的平均降雨量也达到了10.27米。下图中，夏威夷群岛经常被云层或"vog"所笼罩。vog与雾霾类似，是由火山喷发时产生的二氧化硫和其他气体及微粒，在阳光下与氧气、水分发生化学反应而产生的。

图片来源（上图和下图）：美国国家航空航天局、戈达德太空飞行中心、日本经济产业省、日本地球遥感数据分析中心、日本资源调查用观测系统研究开发机构，以及美国和日本ASTER科学团队

水

无论是在我们的太阳系还是整个宇宙空间，因为有了水，我们的地球才显得如此独特。地球上每一种生命都依赖于水的存在。水以液态、气态或是固态的不同形式，存在于地球上的大气、海洋、陆地和地壳的各个部分。它还通过不同阶段的水循环和能量交换，在影响着地球的天气和气候系统。水也可以携带和运送矿物质、有机物。

NASA与NOAA的合作

索米国家极地轨道伙伴（Suomi NPP）气象卫星利用搭载的可见光红外成像辐射仪（VIIRS），在2015年9月15日，拍摄了下面这张地球的照片。

图片来源：美国国家航空航天局戈达德太空飞行中心海洋生物研究组

海冰漩涡

上图，格陵兰东海岸海水中的漩涡之所以显示白色，是因为其中充满了海冰。

飓风丹尼

下图是2015年8月，航天员斯科特·凯利在国际空间站拍摄到的飓风丹尼。

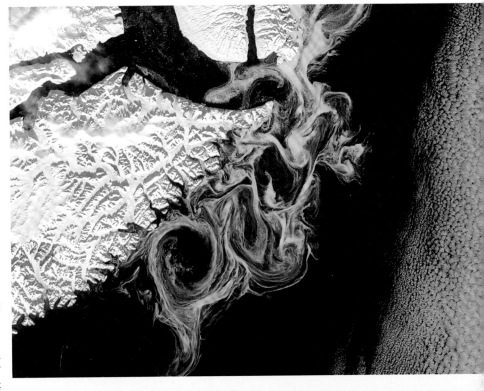

图片来源（上图）：美国国家航空航天局戈达德太空飞行中心的中分辨率成像光谱仪快速反应团队的杰夫·施迈尔兹

图片来源（下图）：美国国家航空航天局

水，如此之多

地球表面的75%都被水以不同的形式覆盖，包括海洋、淡水湖、河流、沼泽、水库、运河，以及冰冻的冰盖和冰川。水不但存在于地壳中，同时也在每个生物体内流动。科学家们推测，大量的水能够一直延伸到地壳的深处。水存在于天空中所

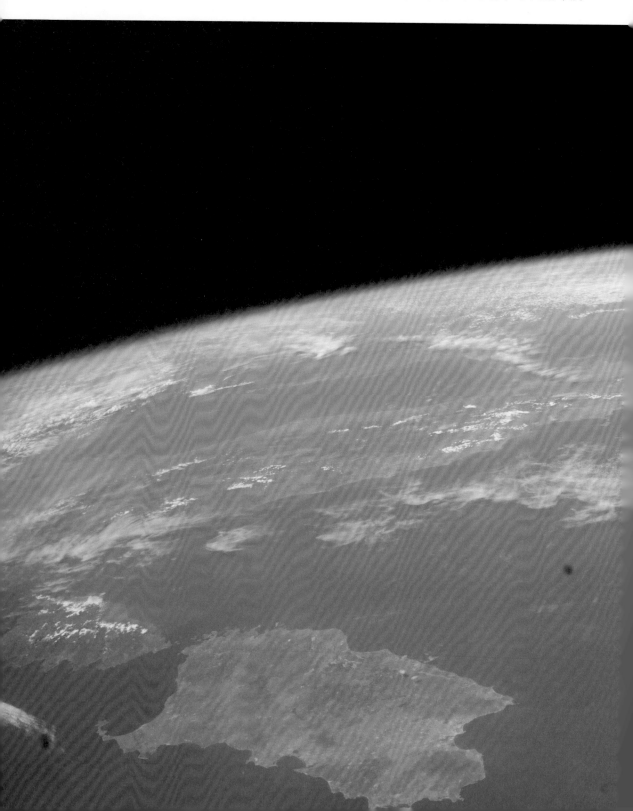

有的云中，甚至在没有云的时候，就以湿气的形式存在于大气中。地球作为一个生命的宜居星球，水是必备条件之一。水的数量和质量，大体能够决定地球上的每一个生态系统。

图片来源：美国国家航空航天局

水，如此之少

从地球的一边穿过地心到另一边，我们可以测量到它的直径是7917.5英里（编者注：1英里=1.609344千米）。假设把地球上所有的水凝结成一个球，那么它的直径只有860英里。

下图中位于北美大陆上方偏西侧的蓝色水球，显示了地球上的水资源总量和地球大小的一个对比。若与地球上的海洋面积比起来，这个水球很小，这是因为与地球直径相比，海洋还是太浅了。

地球上的水在大气、地球表面、地面、海洋和生物间不断循环，形成了一个相当复杂的系统。同时，这个系统又非常单薄和脆弱，在面对自然灾害和人类活动时，经常显得不堪一击。

图片来源（下图和下页图）：美国国家航空航天局

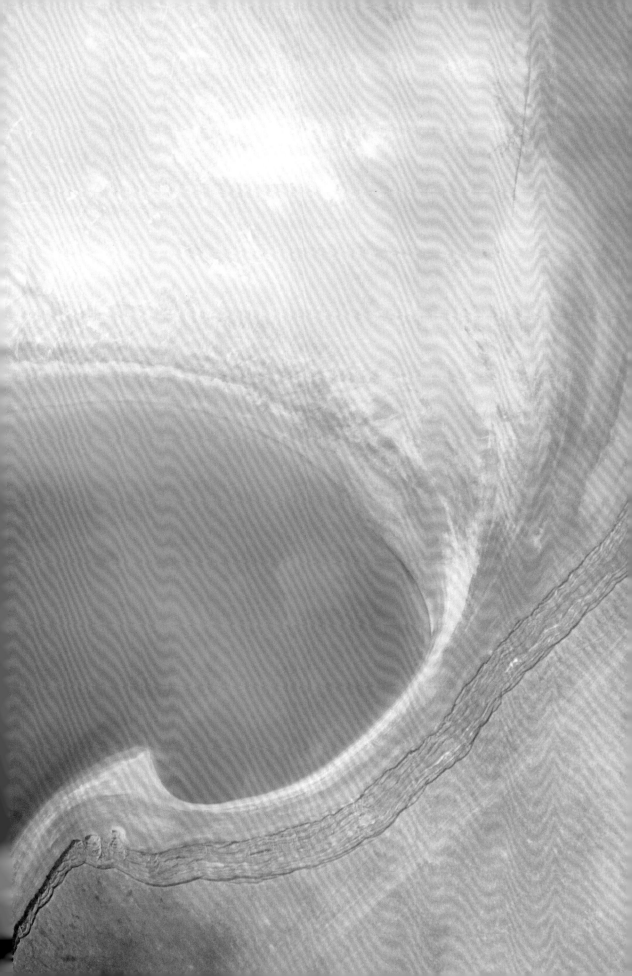

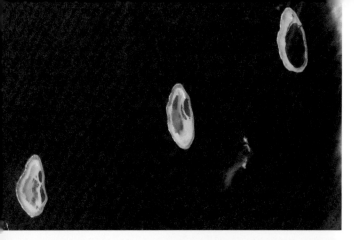

地球上的海洋

地球上97%的水都在海洋里，以咸水的形式存在。海洋的平均深度接近3700米，大部分的海底，人类都难以到达。据估计，目前世界上只有5%的海洋被人类探索过。

帝汶海罗莱浅滩

上图中的罗莱浅滩位于澳大利亚的西北部，其中的环礁周围生活着233种珊瑚和688种鱼类。

北冰洋

在2015年3月20日发生日偏食的时候，Terra卫星正好记录下了这张北冰洋的影像（中图）。

洋流模拟

下图是地球液态和冰冻海洋系统的模拟图，来自NASA艾姆斯研究中心的模拟实验。

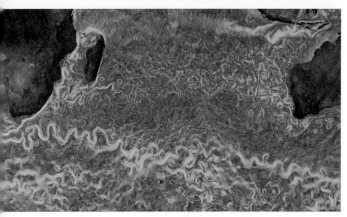

图片来源（上图）：美国国家航空航天局约翰逊航天中心"航天员地球摄影"门户网站

图片来源（中图）：美国国家航空航天局戈达德太空飞行中心中分辨率成像光谱仪快速反应团队

图片来源（下图）：美国国家航空航天局艾姆斯研究中心

淡水

通常淡水包含在冰原、冰盖、冰川、冰山、沼泽、池塘、湖泊、河流和小溪以及含水地层中。地球上大约97%的水都是咸水，只剩下不到3%的才是淡水。

中国西藏的羊卓雍措

下图中的羊卓雍措（神圣天鹅湖）是位于中国西藏高原地区的湖泊，湖面海拔4441米。

图片来源：美国国家航空航天局、日本经济产业省、日本产业技术综合研究所、日本空间系统开发与利用促进组织，以及美国和日本ASTER科学团队

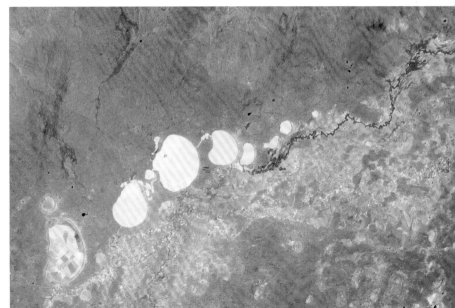

图片来源（上图）：美国国家航空航天局，欧洲航天局，国际空间站地球观测团队

池塘和湖泊

湖泊的形式多种多样，可以是大的或是小的，充满的或是干涸的，咸的或是淡的，液态的或是结冰的，位于冰层底下的或者上方的，当然还有天然形成的或是人工建造的。湖泊通常是淡水的一个重要来源，尤其是当远离河流和海洋的时候，被用来作为水资源的储备，为农业灌溉、人类日常生活、制造业、交通运输和娱乐等方面服务。

在澳大利亚的新南威尔士州西部，达令河（上图中的暗线部分）流域的洪水导致了季节性湖泊的形成。周边的居民利用这些湖泊来兴修水利、发展农业。照片是由国际空间站地球观测实验成员和约翰逊航天中心图像科学分析实验室共同处理完成的。

在加拿大的西北部地区和努温特省有许多湖泊和河流，在北极地区被作为季节性的冰路使用。左图中，能够看到阿蒙森湾、大熊湖和该地区的许多其他小湖泊。

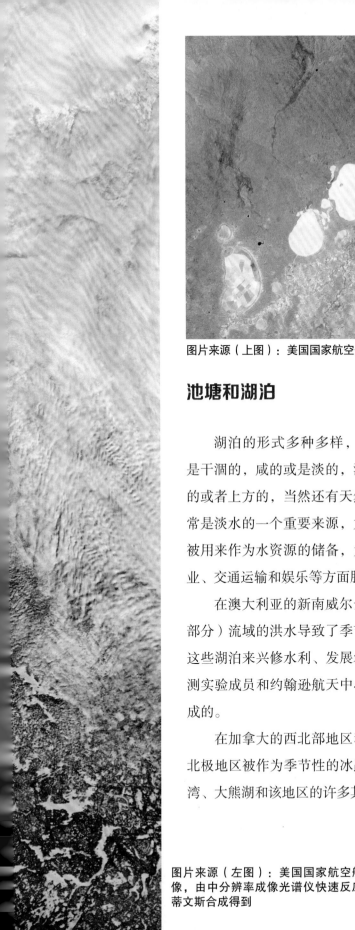

图片来源（左图）：美国国家航空航天局的地球观测图像，由中分辨率成像光谱仪快速反应团队的约书亚·史蒂文斯合成得到

苏西特纳冰川

冰川像流动的河流一样，也有不同的支流，只不过冰川支流的运动非常缓慢。这幅人工着色图像通过红外、红色和绿色的波段，记录下了阿拉斯加苏西特纳冰川的情景，图上呈现红色的部分是周围的植被。

图片来源：美国国家航空航天局、戈达德太空飞行中心、日本经济产业省、日本地球遥感数据分析中心、日本资源调查用观测系统研究开发机构，以及美国和日本ASTER科学团队

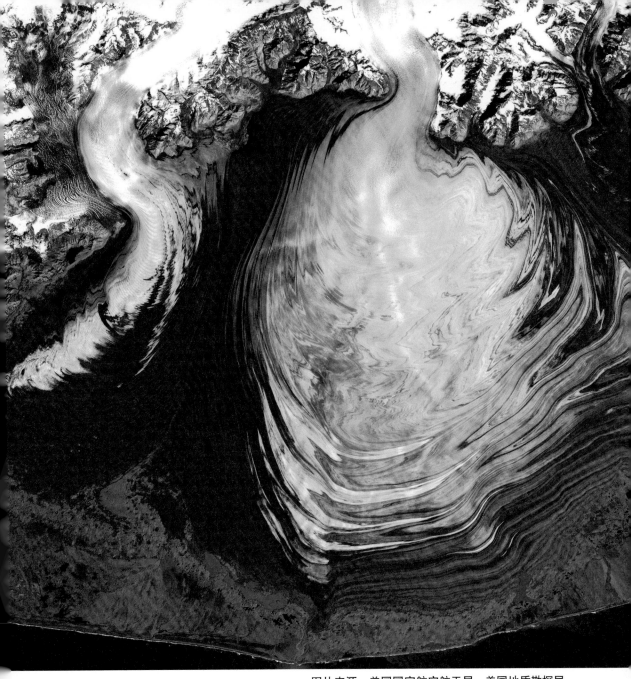

阿拉斯加冰川

马拉斯皮纳冰川是阿拉斯加最大的冰川，一块巨大的冰舌从中延伸出来。当冰川中的冰块迅速涌入湖泊或海洋时，就形成了冰舌。2000年，陆地卫星7号的增强型专用制图仪，在红外、近红外和绿色等几个波段采集数据，并最终获得了上面的这幅人工着色图像。

河流

　　这些照片中的影像是加拿大的麦肯齐河，是由先进星载热辐射与反射测量仪（ASTER）在2005年8月4日拍摄的。

图片来源（左图和下图）：美国国家航空航天局、戈达德太空飞行中心、日本经济产业省、日本地球遥感数据分析中心、日本资源调查用观测系统研究开发机构，以及美国和日本ASTER科学团队

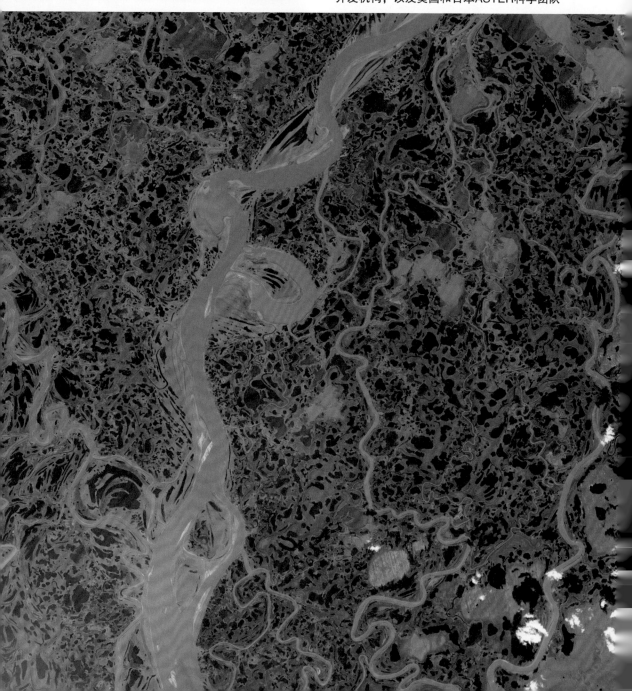

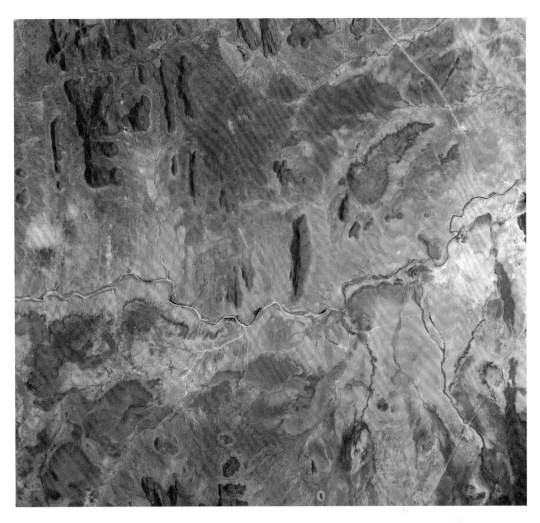

不是所有的河里都有水，有的只是在雨季才有水。位于肯尼亚境内的埃瓦索恩伊洛河（上图）就属这种情况。在这里，只有沿河两岸，才有树木和其他生命的迹象。与此相反，右图是美国的查特胡奇河，它的水量极其丰沛，人们在上面建造了13座水坝，这些水坝能为16座发电厂提供动力。

图片来源（上图）：美国国家航空航天局
图片来源（下图）：美国国家航空航天局的地球观测图像，由杰西·艾伦合成得到，并使用了EO-1团队的EO-1 ALI卫星数据

陆地

广义上的陆地指的是地形地貌，是对地球陆地的表面特征，甚至延伸到海底地貌的描述。在这里，地貌包括了盆地、海湾、峡谷、沙漠、山丘、岛屿、山脉、半岛、平原、高原、山脊、山谷和火山等等，形式丰富多样。

这些从太空拍摄的地貌图片令人叹为观止，美不胜收。有些图片展示出的纹理、颜色和形状很是让人惊奇，与我们常规的个人视角或是普通摄影完全不同，这为我们观察地球提供了一个全新的方式。

海岸

海岸是陆地和海水交界的地方，两个截然不同的环境出现了接触和碰撞；天气和气候也会受到两个环境系统的影响，在这里产生一个同样明显的分界。

在下面这张夜晚拍摄的照片里，海岸线附近灯火通明，意味着这一带的人口密度相当大。从太空中看，马萨诸塞州科德角的海岸线（下页图）看起来美丽迷人。

图片来源：美国国家航空航天局

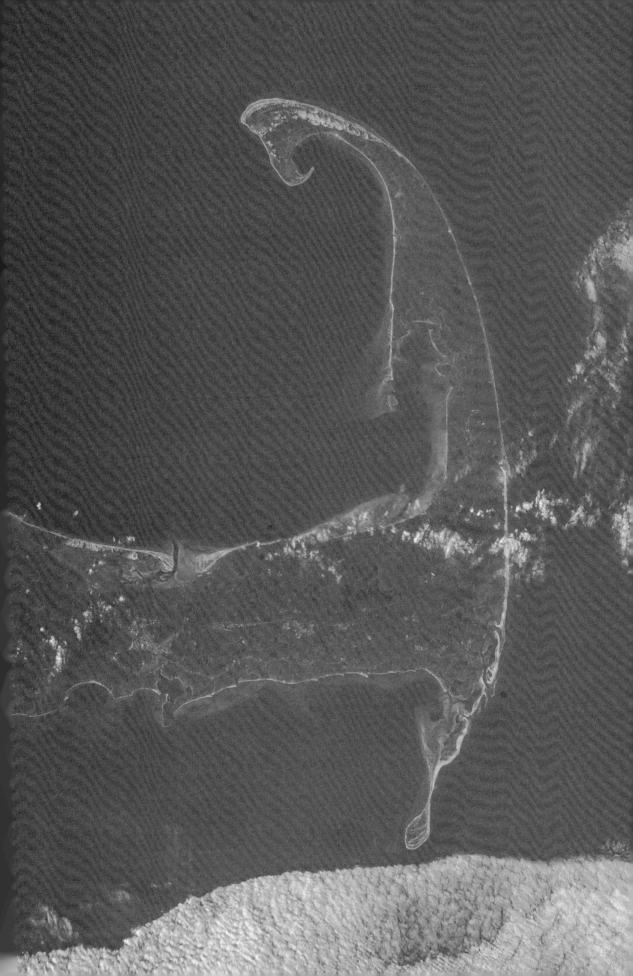

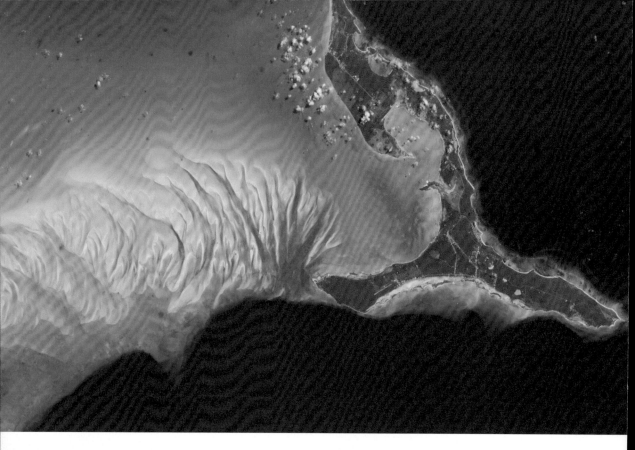

岛屿

上面这张图片是巴哈马群岛的伊柳塞拉岛，由国际空间站拍摄于2002年。下面这张图片也是出自国际空间站，拍摄的是位于马达加斯加西北部的"外岛"领地。这些岛屿对海龟和海鸟的筑巢很重要。

脆弱的岛屿

海洋中的许多岛屿，都容易受到飓风和海平面上升的影响。2017年9月6日，波多黎各被飓风艾尔玛（下页，右上图）包围。

飓风过后，波多黎各岛被摧毁。从一个多月后平静天气里的景象（下页，左上图），仍然能看出一些蛛丝马迹。

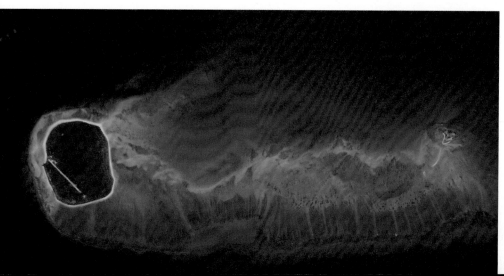

图片来源（上图和下图）：美国国家航空航天局

图片来源（左上图）：美国国家航空航天局的乔·阿卡巴

图片来源（右上图）：美国国家海洋和大气管理局国家资源卫星，数据和信息服务系统

图片来源（下图）：美国国家航空航天局、日本经济产业省、日本产业技术综合研究所、日本空间系统开发与利用促进组织，以及美国和日本ASTER科学团队

百慕大

百慕大（下图）是英国的海外领地。实际上它不是一个岛屿，而是由181个岛屿组成的一个岛链。

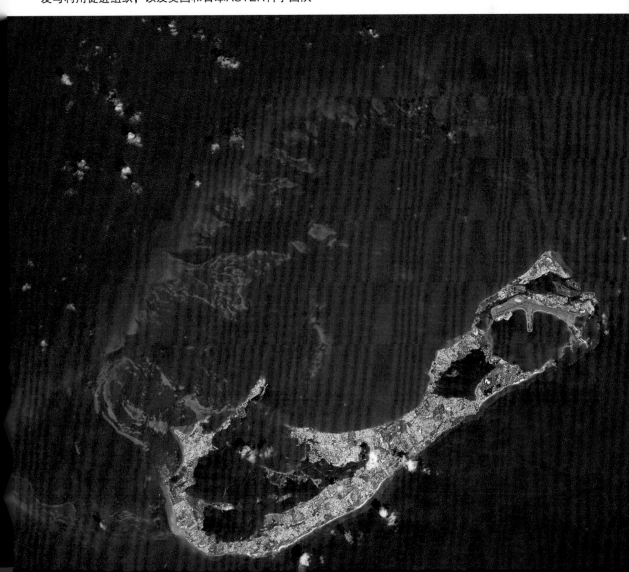

巴哈马群岛

NASA第52远征队的飞行工程师兰迪·布莱斯尼科在国际空间站拍下了这张照片。

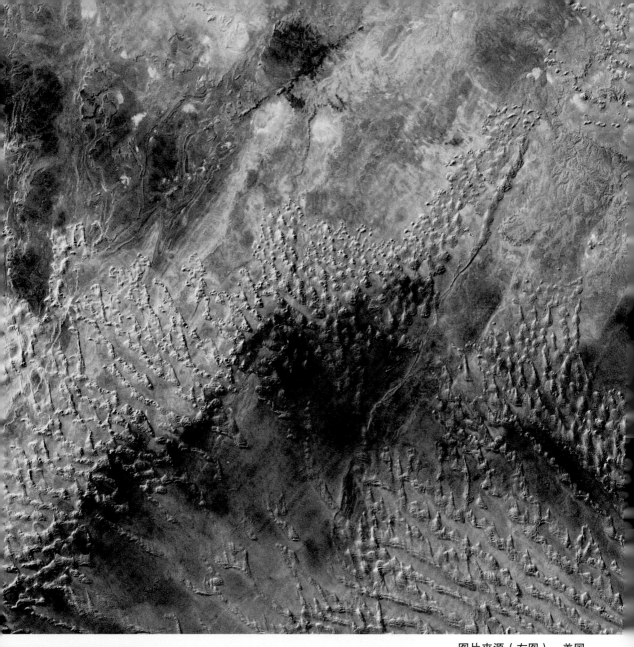

图片来源（左图）：美国
国家航空航天局

戈壁沙漠

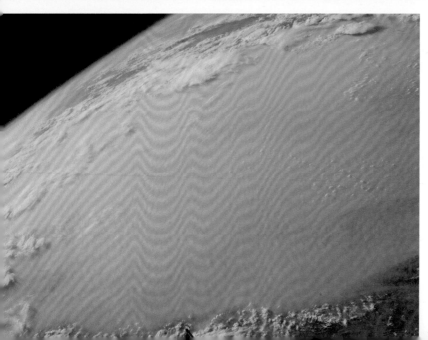

  2015年4月29日，
NASA第43远征队的宇
航员在国际空间站拍摄
了这张戈壁沙漠的沙尘
暴图片（左图）。

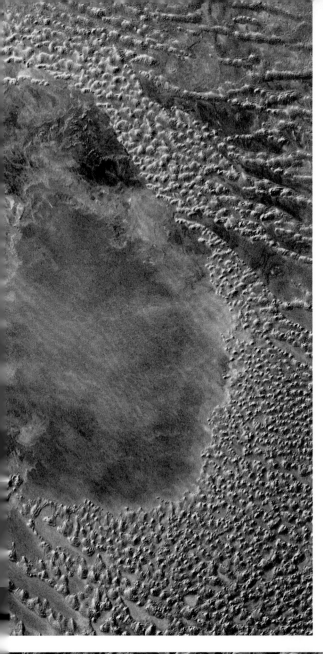

撒哈拉沙漠

　　2016年10月3日，在NASA第50次远征任务中，国际空间站上的一台名为"Sally Ride EarthKAM"的可远程操作相机，拍摄了这张位于利比亚西部撒哈拉沙漠的彩色照片（左图）。

鲁布哈利沙漠

　　下图中的鲁布哈利沙漠，是世界上最大的沙漠之一，囊括了阿拉伯半岛的南部，以及阿曼、阿联酋和也门的部分国土。这幅图像是由Terra地球轨道卫星上搭载的先进星载热辐射与反射测量仪（ASTER）拍摄得到的。

图片来源（左图）：国际空间站"地球视角"项目

图片来源（下图）：美国国家航空航天局、戈达德太空飞行中心、日本经济产业省、日本地球遥感数据分析中心、日本资源调查用观测系统研究开发机构，以及美国和日本ASTER科学团队

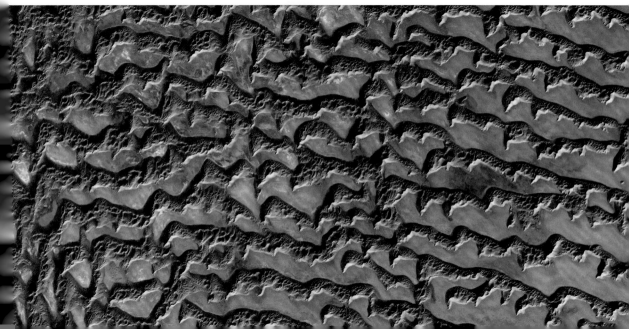

山脉

在2015年的冬天，欧洲航天局宇航员、第46远征队飞行工程师蒂姆·皮克在国际空间站拍下了这张阿尔卑斯山的照片（上图）。阿尔卑斯山脉是欧洲最高的山脉，图中山顶的积雪看起来很薄。

中图是阿拉卡尔火山的熔岩流。火山位于阿根廷西北部与智利交界的安第斯山脉。1993年，它首次被认为是一座活火山。当时在附近的一个村庄，人们看到了火山冒出一缕蒸汽，也或许是火山灰。

2014年的冬奥会在俄罗斯索契举行。下图中的卡拉斯拉雅·波利亚纳山脉，就是这次盛会举办的地方。先进星载热辐射与反射测量仪（ASTER）通过可见光和近红外波段进行了拍摄，在合并了地形高度的数据后，得到了这幅图片。

图片来源（上图）：欧洲航天局，美国国家航空航天局

图片来源（中图）：美国国家航空航天局，喷气推进实验室，加州大学圣迭戈分校，约翰逊航天中心

图片来源（下图）：美国国家航空航天局的地球观测图像，由杰西·艾伦和罗伯特·西蒙使用EO-1团队的EO-1 ALI卫星数据合成得到，并使用了来自美国地质勘探局地球勘探卫星的相关数据

最高的山峰

地球上海拔最高的山峰是珠穆朗玛峰。珠穆朗玛峰的山顶位于中国西藏和尼泊尔之间，高度约为8848米。

在离山顶不远处的沉积岩中发现了浅水海洋生物的残迹，这表明，这座山的顶峰在最早的时候仅位于海平面上下的高度。科学家们认为，珠穆朗玛峰仍在以每年5毫米的速度，不停地上升。

图片来源：美国国家航空航天局的地球观测图像，由杰西·艾伦和罗伯特·西蒙使用EO-1团队的EO-1 ALI卫星数据合成得到，并使用了来自美国地质勘探局地球勘探卫星的相关数据

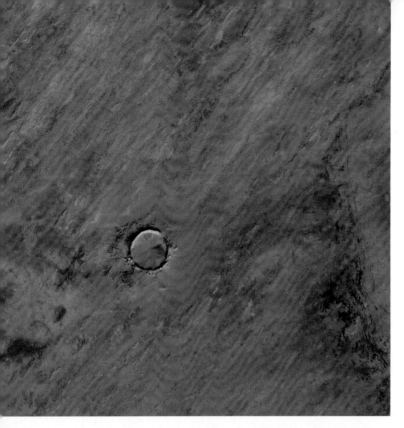

环形山

　　环形山形成的原因多种多样。这里介绍的几个环形山，或是由陨石撞击形成的，或是由火山喷发形成的。

　　位于撒哈拉沙漠的泰诺摩尔陨石坑（上图），宽度达到1.9公里。据估计，这次陨石的撞击发生在1万—3万年前，正好撞上了一块古代的岩石。撞击坑的图片是由先进星载热辐射与反射测量仪（ASTER）于2008年拍摄的。

　　库卜拉陨石坑是位于撒哈拉沙漠西部的一个大型撞击陨石坑，它的历史可能超过了1亿年。根据推测，从地面上看，沙子在不断熔化变成玻璃，陨石坑因此而逐渐显现。经过这么长的时间，各种侵蚀让陨石坑的界限逐渐变得模糊，但是正如陆地卫星7号在2001年拍下的这张照片（下图），在太空中它仍然一眼就能被认出。

图片来源（上图）：杰西·艾伦，数据来源包括美国国家航空航天局、戈达德太空飞行中心、日本经济产业省、日本地球遥感数据分析中心、日本资源调查用观测系统研究开发机构，以及美国和日本ASTER科学团队

图片来源（下图）：罗伯特·西蒙，基于"陆地7号"卫星的数据得到

照片（上图）里左上方的狼溪陨石坑是一个撞击坑，据估计大约在30万年前被一颗陨石击中。它的直径约为880米。坑中间的白点很可能是石膏矿床。

位于俄勒冈州的火山口湖（左下图）是美国最深的湖，平均深度达到了350米。大约在7700年前，马扎马火山进行了一次猛烈的喷发，最终形成了这个火山口和湖泊。自那以后，这座火山便进入了休眠。

另外一个火山口湖是印度的洛纳尔陨石坑（右下图）。据估计，它形成于3.5万—5万年前的一次火山喷发。

图片来源（上图）：杰西·艾伦，数据来源于美国地质勘探局陆地过程分布式数据档案中心

图片来源（右下图）：杰西·艾伦，数据来源包括美国国家航空航天局、戈达德太空飞行中心、日本经济产业省、日本地球遥感数据分析中心、日本资源调查用观测系统研究开发机构，以及美国和日本ASTER科学团队

图片来源（左下图）：美国国家航空航天局，国际空间站地球观测团队

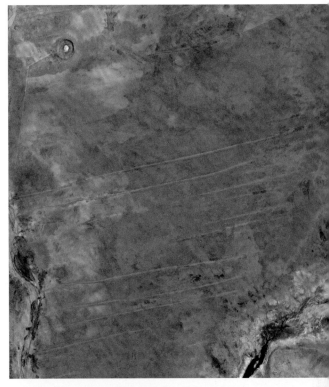

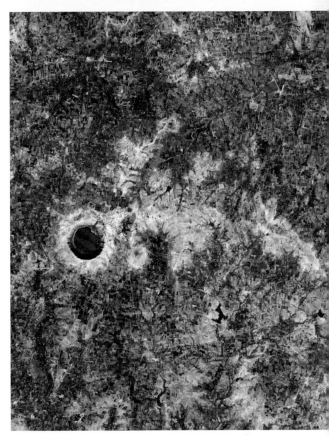

生命的足迹

人类活动

所有的生命都以某种方式影响着地球，比如说，在本书34页我们展示过北海里的浮游生物水华，以及在本书119页，我们可以看到巴伦支海里的浮游植物。然而，从这些太空拍摄的照片中可以明显地看出，人类的活动对地球的影响最为广泛。

本页和上页的图片都是在夜间拍摄的，记录了大城市夜晚的灯光。电力的使用，让人类活动从白天延续到了夜晚。在上图中，我们很容易就能够认出意大利，因为灯光准确地勾勒出了亚平宁半岛的形状。中上图拍摄的是犹他州的盐湖城，这里可以看到城区密集明亮的灯光和郊区稀疏昏暗的灯光之间的明显差异。在中下图中，灯光显示了开罗和特拉维夫两座城市位于海岸边，同时也可以看出周边的大部分地区人口十分稀少。

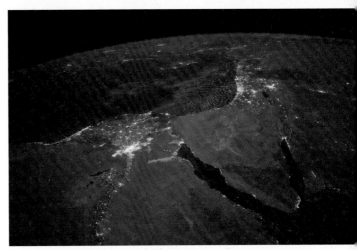

图片来源（上页图）：美国国家航空航天局

图片来源（上图）：美国国家航空航天局，第49次远征任务，国际空间站

图片来源（中上图）：美国国家航空航天局，第38次远征任务，国际空间站

图片来源（中下图）：第49次远征任务，国际空间站

图片来源（下图）：美国国家航空航天局

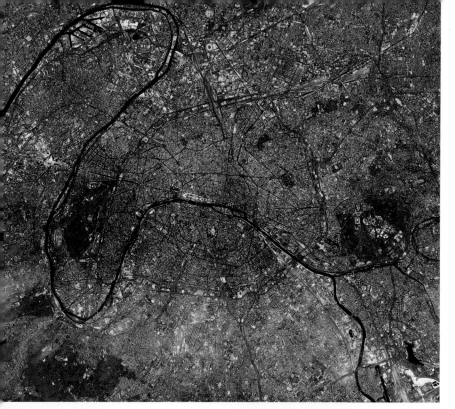

城市和小镇

　　地球上超过一半的人口居住在城市里。各个城市中心的卫星图像和照片反映了它们各自独特的地理、文化、历史、用地策略和技术情况，同时在住房、交通、环境卫生和通信系统等方面，也揭示了它们的影响。我们使用Terra卫星上的先进星载热辐射与反射测量仪（ASTER），得到了法国巴黎（上图）、内华达州的拉斯维加斯（下图），还有中国北海（下页图）等几个城市的影像。

图片来源（上图）： 美国国家航空航天局、戈达德太空飞行中心、日本经济产业省、日本地球遥感数据分析中心、日本资源调查用观测系统研究开发机构，以及美国和日本ASTER科学团队

图片来源（下图）： 美国国家航空航天局戈达德太空飞行中心

图片来源：美国国家航空航天局、戈达德太空飞行中心、日本经济产业省、
日本地球遥感数据分析中心、日本资源调查用观测系统研究开发机构，以及
美国和日本ASTER科学团队

农庄和农业

地球上有着多样的农庄及多种农业生产方式，这些图片就是很好的例子。它们当中有些还遵循着最古老的耕种方式，有些做法则极富争议，当然还有的耕作水平已达到当前最高水准。

荷兰的维斯特兰（左上图）已经将农业创新发挥到了极致。荷兰虽然是个小国，但它的粮食产量仅次于美国。

尼罗河三角洲的渔场（左下图）中包含有数百个水塘。中国也有为数众多的渔场，下页左上图是由国际空间站拍下的其中之一。下页右上图是中国北方的人参种植场，人们为这些喜好阴凉的植物提供了良好的遮蔽生长环境。下页下图中位于堪萨斯州的这些麦田怪圈，是灌溉系统作用的结果。

图片来源（左上图）：美国国家航空航天局、日本经济产业省、日本产业技术综合研究所、日本空间系统开发与利用促进组织，以及美国和日本ASTER科学团队

图片来源（左下图）：美国国家航空航天局、戈达德太空飞行中心、日本经济产业省、日本地球遥感数据分析中心、日本资源调查用观测系统研究开发机构，以及美国和日本ASTER科学团队

图片来源（下页，左上图）：美国国家航空航天局，国际空间站内的航天员

图片来源（下页，右上图）：美国国家航空航天局

图片来源（下页，下图）：美国国家航空航天局、戈达德太空飞行中心、日本经济产业省、日本地球遥感数据分析中心、日本资源调查用观测系统研究开发机构，以及美国和日本ASTER科学团队

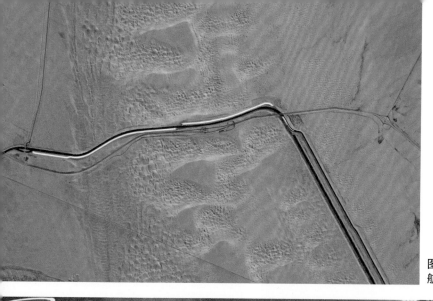

运河

运河是人工开凿的渠道，它能够承载船只进行水上运输，也能够用于灌溉和服务人类的日常生活。

图片来源（上图）：美国国家航空航天局

这条全美运河（上页，上图）长80英里，从东到西横亘美国和墨西哥边境。在国际空间站上第18远征队的宇航员兼摄影师看来，这条小河显得无足轻重，但是已有500多人在试图跨越它时丧生。运河为8座水电站提供发电用水，还为周边农作物提供灌溉服务。

意大利威尼斯城（下图）及其运河最初其实是沼泽潟湖。现在这座城市由21个岛屿组成，岛间被运河隔开，有桥梁相互连接。国际空间站的宇航员在2017年2月14日情人节这一天拍下了这张照片。在那里，水上的船夫们载着一对对的恋人，正在城市的运河上浪漫穿行。

图片来源：欧洲航天局，美国国家航空航天局

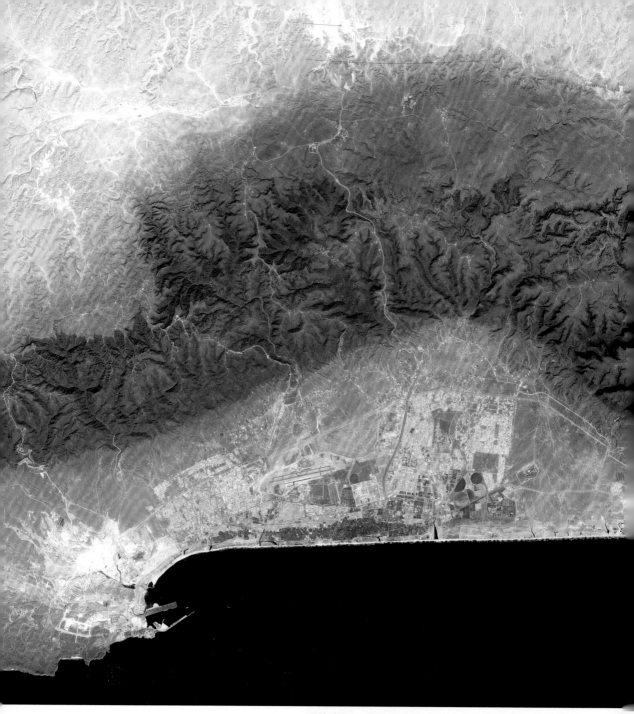

图片来源：美国国家航空航天局、日本经济产业省、日本产业技术综合研究所、日本空间系统开发与利用促进组织，以及美国和日本ASTER科学团队

港湾和港口

阿曼港（上图）位于阿拉伯半岛。港湾，不管是自然形成的还是人工开凿的，都能够为船只提供庇护。港口能够为船舶装卸、海关工作以及其他相关业务活动，提供配套设施和服务。很多的港口都是从天然港湾开始建设的。

图片来源（上图）：美国国家航空航天局

图片来源（下图）：美国国家航空航天局的地球观测图像，由杰西·艾伦和罗伯特·西蒙合成得到，并使用了来自美国地质勘探局陆地资源卫星的相关数据

上图展示了阿联酋首都迪拜的城市灯光。迪拜是阿联酋最大的港口，也是阿联酋人口最密集的城市。

从右图中可以看到，在荷兰的鹿特丹，填海工程正在热火朝天地进行。人们试图从海洋中夺取更多的土地。

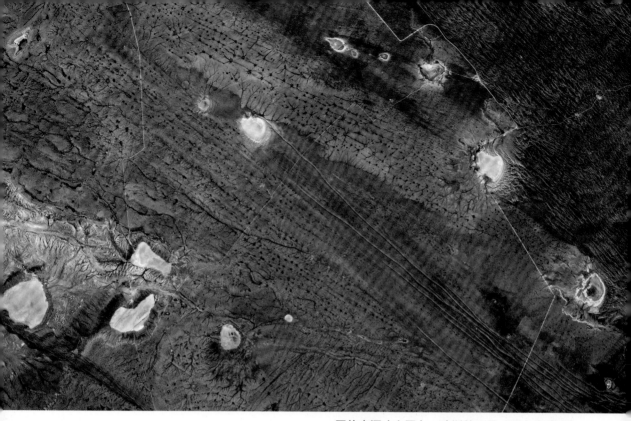

图片来源（上图）：欧洲航天局"哥白尼哨兵"卫星数据（2017，有修改）

图片来源（下图）：美国国家航空航天局、戈达德太空飞行中心、日本经济产业省、日本地球遥感数据分析中心、日本资源调查用观测系统研究开发机构，以及美国和日本ASTER科学团队

道路和高速公路

无论我们利用陆路、水路还是航空出行，道路和高速公路都是人类生活中必不可少的组成部分。从外太空看，人类在地球上的旅行路线很是神奇，它展示了人类的运动之美。

上图中，在非洲大陆的纳比卜沙漠，一条孤独的道路横穿而过。下图中，这座连接丹麦和瑞典的桥梁看起来似乎并不完整，这是因为靠近丹麦的那部分实际上是一条水下隧道。

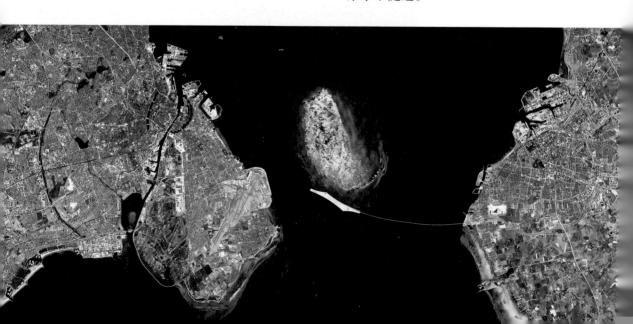

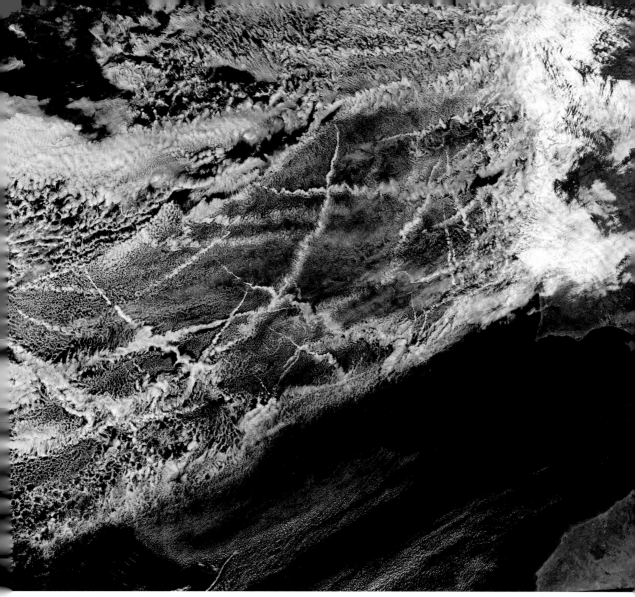

图片来源：美国国家航空航天局中分辨率成像光
谱仪快速反应团队的杰夫·施迈尔兹

船舶航迹

　　海洋上的船舶在航行途中不断排放废
气污染物，当水蒸气凝结于其中时，就形
成了纵横交错的船舶航迹。这些废气颗粒
就像是种子，成了云迹凝结的核心。在这
张大西洋的图片中，数百英里的航迹清晰
可见。就像天空中喷气飞机的尾迹一样，
狭窄的尾端是刚形成的，而较旧的尾端则
已经扩散至更宽广的范围。

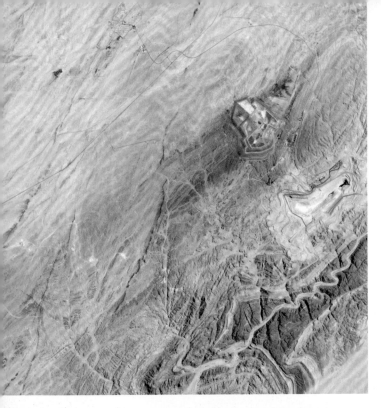

矿山开采

　　人类的采矿活动可以改变地表的形状，正如在这些图片中看到的那样。即使事后对矿坑进行回填，地壳仍然会留下疤痕，同时地下水也可能受到污染。

　　上图中右侧的罗辛铀矿山，位于纳米布沙漠中，它是世界上最古老的铀矿产区，也是目前世界上第三大铀矿。

　　博茨瓦纳的钻石矿（下图）每年出产数十亿美元的钻石。这里有四个露天矿坑，沿着矿坑壁修建的路宛如一个个同心圆，向地下深处曲折延伸。

　　这张来自国际空间站的照片（下页，上图），显示的是一座德国的煤矿。煤被用来为发电站提供燃料。

　　位于墨西哥索诺拉的卡纳内阿铜矿（下页，左下图），蕴藏着丰富的铜和金。图片中的蓝色部分，表示这些区域的金属储量非常丰富。

　　日升大坝金矿（下页，右下图）位于西澳大利亚，1988年首次在这里发现黄金。此后，金矿的开采就进入了快车道。

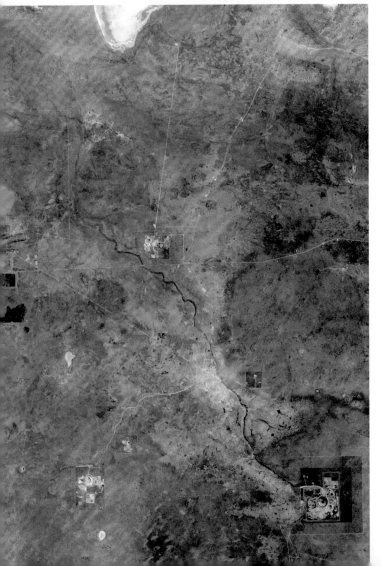

图片来源（上页，上图）：美国国家航空航天局的地球观测图像，由杰西·艾伦和罗伯特·西蒙使用EO-1 ALI卫星数据合成得到

图片来源（上页，下图）：国际空间站地球观测实验团队

图片来源（上图）：美国国家航空航天局约翰逊航天中心"航天员地球摄影"门户网站

图片来源（左下图）：美国国家航空航天局的地球观测图像，由杰西·艾伦使用EO-1 ALI卫星数据合成得到

图片来源（右下图）：美国国家航空航天局的地球观测图像，由杰西·艾伦使用EO-1 ALI卫星数据合成得到

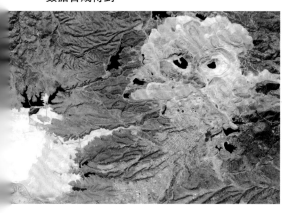

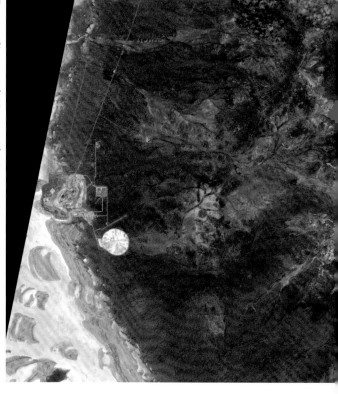

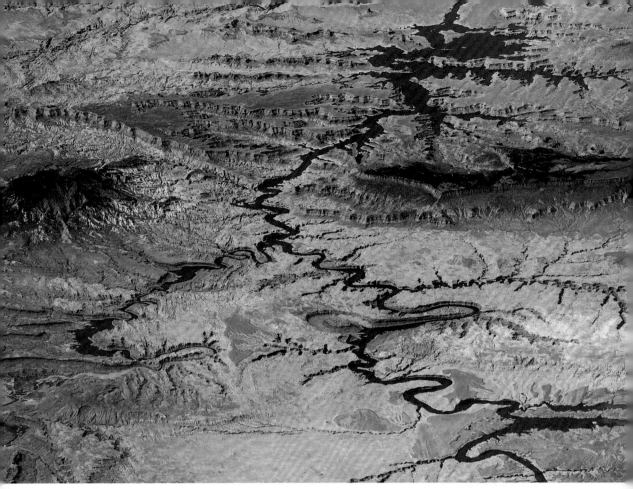

图片来源（上图）：美国国家航空航天局

图片来源（下页图）：美国国家航空航天局的地球观测图像，由杰西·艾伦使用来自EO-1团队的EO-1 ALI卫星数据合成得到

水坝和水利工程

　　水库能够大量蓄水，用于日常生产、防洪、水力发电、灌溉、家庭用水等。人们在科罗拉多河上修建水坝，蓄上水之后就形成了鲍威尔湖（上图）。这个水库是沿着格伦峡谷地势蓄水而成的，又细又长。

　　在第聂伯河上的基辅水库（下页图）里，有着大量的冰，人们在第聂伯河上修筑了一系列水坝，图片中显示的是其中的一个。这座大坝位于切尔诺贝利核电站东南约80公里处，1986年该核电站曾发生过核泄漏事故。

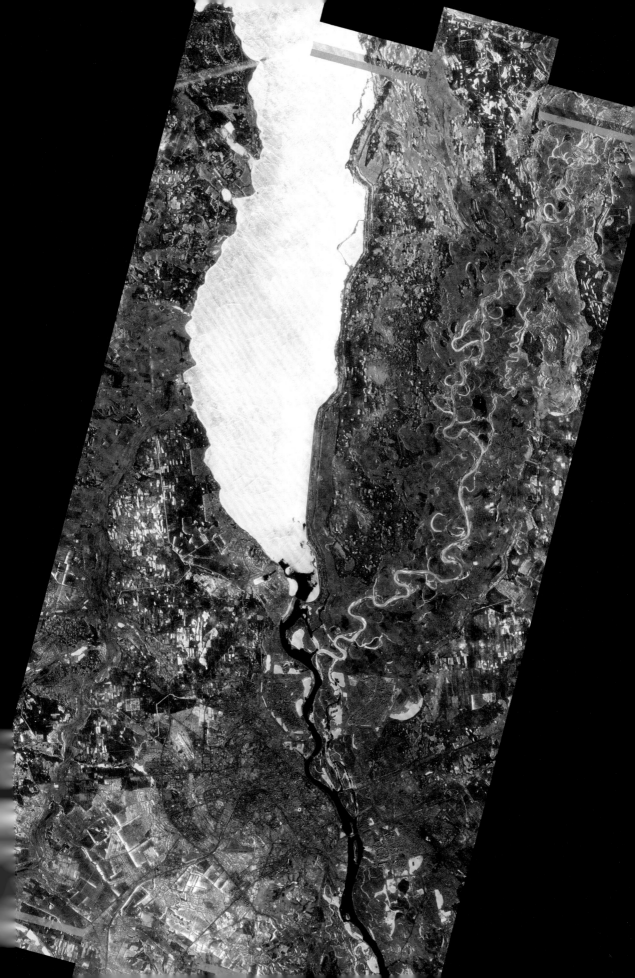

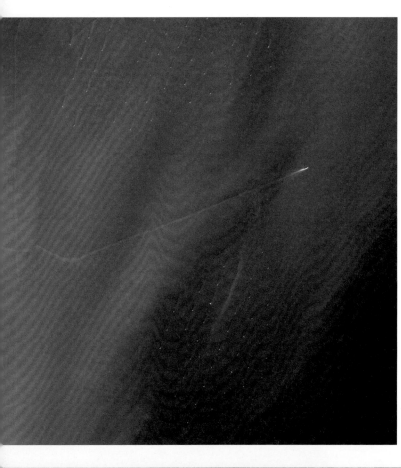

绿色能源

　　绿色能源通常需要占用很大一块地方来收集能量。人们需要在这块大面积的土地上搭建风车、反光镜，以及太阳能电池板等相关设备，才能创造出可再生的清洁能源。

　　仔细看左图中的微小白点，它们是安装在北海中的涡轮风力发电机。每个发电

图片来源（上图、下图和下页图）：美国国家航空航天局的地球观测图像，由杰西·艾伦合成得到，并使用来自美国国家航天局、戈达德太空飞行中心、日本经济产业省、日本地球遥感数据分析中心、日本资源调查用观测系统研究开发机构，以及美国和日本ASTER科学团队等机构的有关数据

机在运转时，还会产生尾流或是羽状的沉积流。

　　西班牙塞维利亚附近的农田（上页，下图）看起来就像一床斑斓的巨大棉被。在这附近有一组巨大的镜子阵列，能够将太阳光反射到一个蒸汽发生器上，从而驱动涡轮发电机发电。

　　上图中的发电站拍摄于2015年，这是当时世界上最大的光伏发电站。

动态的地球

图片来源：美国国家航空航天局，美国地质勘探局

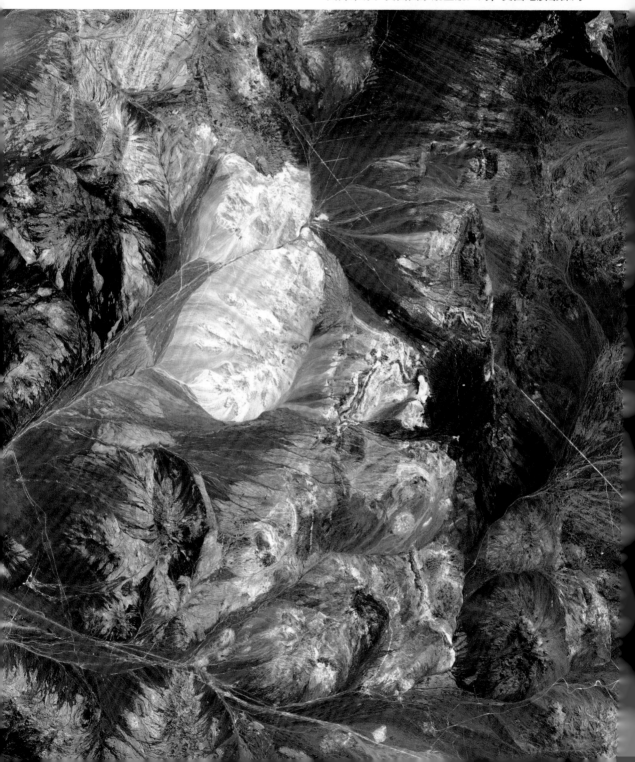

地球一直处于变化中。在外部，地球总是处在月亮和太阳引力的拉扯作用下；在地球内部，也存在着各种力量，例如火山和地震；当然地球表面也存在一些力量，比如天气变化和人类活动。尽管地球具有复原力，但是各种变化仍在不可避免地发生。地球在各种力的共同作用下，保持着动态的过程。

被动的改变

沙漠似乎是从容不迫、不愿改变的。然而，从太空中看，智利的阿塔卡马沙漠（上页图）显得非常有活力，尽管它内部的火山目前处于休眠状态，但火山的这股力量将会重新掌控这片区域，是早晚的事儿。

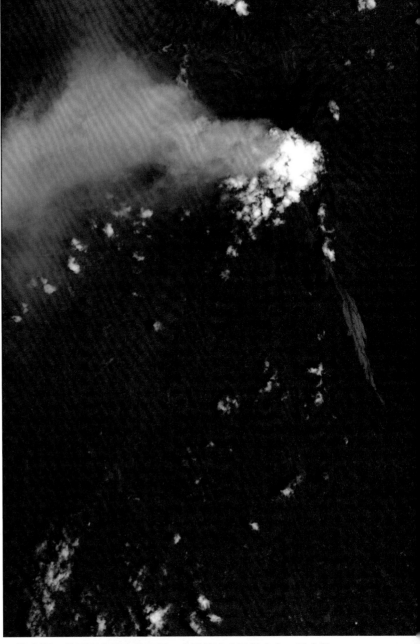

图片来源：美国国家航空航天局，戈达德太空飞行中心，日本经济产业省，日本地球遥感数据分析中心，日本资源调查用观测系统研究开发机构——美国国家航天局地球观测卫星

火山碎屑岩流

在上面这幅人工着色图像中，显示的是位于印度尼西亚爪哇岛的默拉皮火山，附近有大量的火山碎屑岩流，还有火山喷发出的一缕羽状火山灰。

图片来源（上图）：美国国家航空航天局

图片来源（下图）：美国国家航空航天局地球观测卫星

火山爆发

　　萨瑞彻维火山位于俄罗斯千岛群岛。上面这张图片是2009年，在它喷发的初始阶段，从国际空间站这个制高点拍下来的。

　　2012年，卫星记录了澳大利亚莫森峰的赫德岛上熔岩流的微小但可探测的变化。左图显示岛上的这座火山正在活动，准备喷发。

右图中的克利夫兰火山位于阿留申群岛。这张火山灰的图片是飞行工程师杰夫·威廉姆斯2008年在国际空间站拍摄到的。

2013年，国际空间站的机组人员，也拍摄到了俄罗斯堪察加半岛上的火山喷发（下图）。火山喷发时的烟羽通常是由水蒸气、火山气体和火山灰组成。

图片来源（上图和下图）：美国国家航空航天局

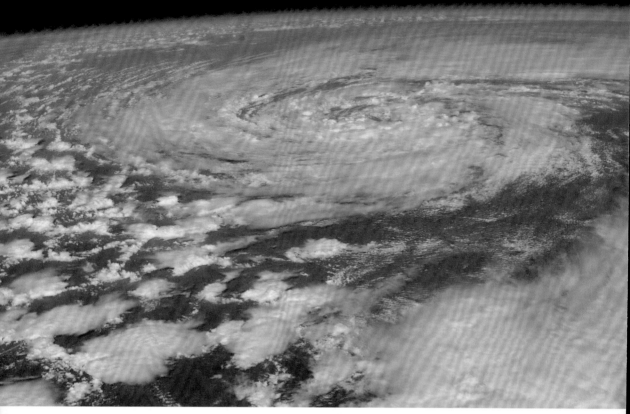

图片来源：美国国家航空航天局

风暴

暴风雨来势汹汹，充满了破坏性，也对生命造成了很大威胁。人们不断改善和提升天气预报的能力，就是为了能够提前应对风暴，减少生命和财产损失。然而，从宇航员的视角来看，风暴也可以是美丽的；从某种意义上来说，风暴的存在也是必要的。暴风雨给地表造成混乱，但也能带来降雨和新鲜的淡水；它们毁坏着地表，但是也能清除死亡和腐烂的物质，让营养物质循环起来，从而促进生长。

这张地球彩色图像（上图），由美国国家海洋和大气管理局（NOAA）的GOES-16卫星于2018年拍摄，显示了当年美国东北部一场异常强烈的冬季风暴。地球同步运行环境卫星（GOES）是NOAA和NASA的合作项目，在夜间能够使用红外波段进行观测，也是第一个为监测天气提供连续数据和图像的卫星。

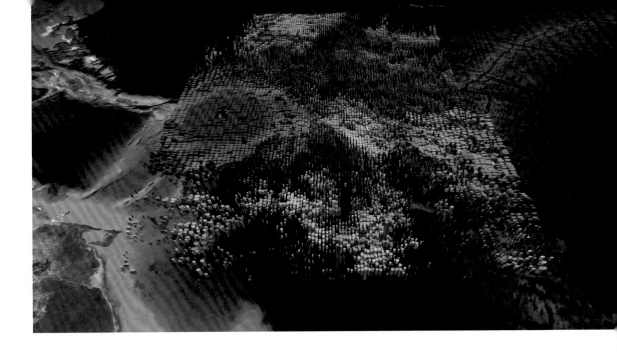

风暴可视化

在下图中，飓风艾尔玛的云团是一个典型的热带风暴，图像数据来自NASA Auqa卫星的大气红外探测器（AIRS）。上图是对此次飓风制作的可视化模拟图，每个圆柱表示云的厚度，颜色则表示云层顶部的温度。因为风暴是动态的，所以这个模拟图也相应地有一个动画版本。

图片来源（上图）：美国国家航空航天局，加州理工学院喷气推进实验室

图片来源（下图）：美国国家海洋和大气管理局

洪水

雨水、风暴、海啸，以及天然形成或人为建造的水坝泄洪，都可能造成洪水泛滥，使某地区的水位比平常高出很多。洪水可以对人类和动植物造成毁灭性的打击，也可以对环境造成临时或永久的破坏。当然在特定的区域，洪水也能够复兴那里的生态。

在多米尼加，厄恩里基洛湖平时（上图）和洪水过后（下图）的情景形成了鲜明的对比。在下图中，湖周围的大部分土地已被淹没，湖中间形成了一个岛屿。

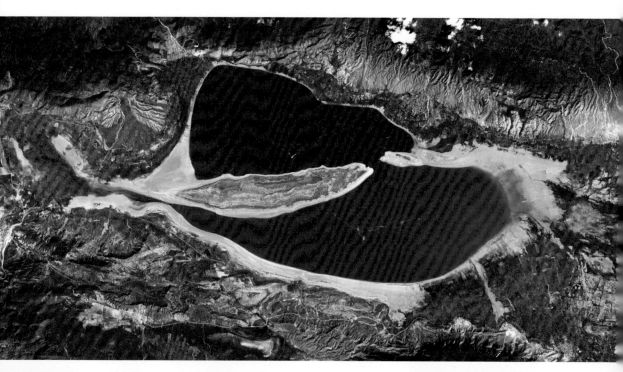

干旱

将经历干旱的水体图像与正常水位图像进行对比，能够明显看出周边景观的改变。

陆地卫星7号在2000年拍下了美国米德湖的图像（上图），作为对比，Terra卫星在2015年用先进星载热辐射与反射测量仪（ASTER）再次进行了观测（下图）。可以看出，湖泊的面积和深度都大大减小，湖中的岛屿面积增大，并与湖岸成为一体。整个湖泊的轮廓也已发生了变化。

图片来源（上页，上图和下图）：美国国家航空航天局、日本经济产业省、日本产业技术综合研究所、日本空间系统开发与利用促进组织，以及美国和日本ASTER科学团队

图片来源（上图和下图）：美国国家航空航天局、日本经济产业省、日本产业技术综合研究所、日本空间系统开发与利用促进组织，以及美国和日本ASTER科学团队

山体滑坡

当不稳定的岩石、泥土间或混合着碎片从山上滑落时，就产生了山体滑坡。滑坡可能发生在任何海拔高度上，规模有大有小，危害也各不相同。在防止山体滑坡方面，人们能够做的很少。因此，修筑建筑物尤为重要，可以提前考虑选择在一个地质安全、稳定、不容易产生滑坡的地方，以尽量减少生命和财产的损失。

上图是由先进星载热辐射与反射测量仪（ASTER）拍摄的，显示了2016年7月17日，位于中国西藏的一次山体滑坡，事故造成9人死亡。由于有大量冰雪的滑落，这次滑坡也被认为是雪崩。在这个地区有大量的冰川，其中又包含了岩石和碎块，因此，滑坡和雪崩这两个术语，都可以用来描述这种现象。

下图同样来自先进星载热辐射与反射测量仪（ASTER），显示的是黑鹰滑坡，位于加利福尼亚的卢塞恩山谷。据推测，这次事件发生在1.8万年前。留存到现在的坡道，大约有5英里长，2英里宽，是北美最大的山坡之一。

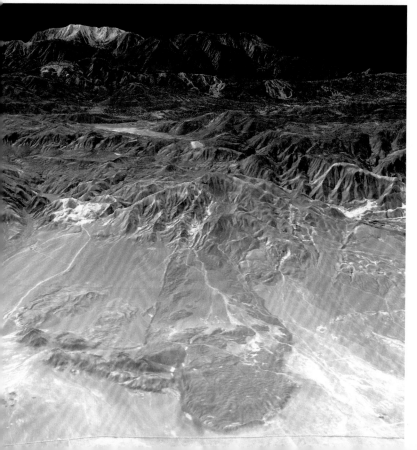

图片来源（上图和下图）：美国国家航空航天局、日本经济产业省、日本产业技术综合研究所、日本空间系统开发与利用促进组织，以及美国和日本ASTER科学团队

图片来源：美国国家航空航天局、日本经济产业省、日本产业技术综合研究所、日本空间系统开发与利用促进组织，以及美国和日本ASTER科学团队

地震

图片显示的是位于伊朗和伊拉克边界，靠近伊拉克的哈莱卜杰地区的地震多发带。2017年11月12日，该地区发生了7.3级地震，造成了严重的人员伤亡和损毁。图中的黄色星号位置便是此次地震的震中，红色部分表示的是种植区域，浅红色部分是树木和灌木丛，暗灰色部分表示早些时候发生过丛林火灾。棕褐色和浅灰色代表的是各种类型的岩石。

大火

　　有些大火是可控的，这多见于土地和农业管理中的燃烧；当然也有失控的时候，比如说人为或雷击引起的大火。不管哪种情况，NASA的Terra卫星所搭载的先进星载热辐射与反射测量仪（ASTER），都能够帮助消防员从容应对。

　　上图中的加州托马斯大火是历史上最大规模的山林火灾，共造成了28.2万英亩的过火面积，以及1063栋建筑的损毁。当时，气温较高，空气干燥，再加上大风的影响，导致火势的迅速蔓延。

　　下图是托马斯大火的特写镜头，风把余烬吹到两英里外的干灌木丛中，又形成了一个新的燃烧区域。

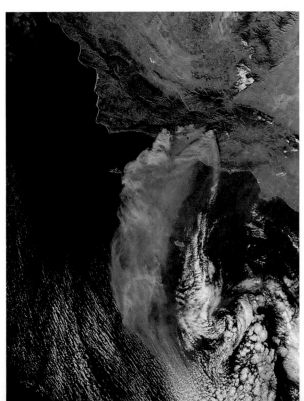

图片来源（上图）：美国国家航空航天局、日本经济产业省、日本产业技术综合研究所、日本空间系统开发与利用促进组织，以及美国和日本ASTER科学团队

图片来源（下图）：美国国家航天局戈达德太空飞行中心的中分辨率成像光谱仪快速反应团队的杰夫·施迈尔兹

农业用火

　　马达加斯加岛上的农业用火属于人为的燃烧（右图），这样可以清除田地里的农作物和植物的残骸，还可以肥沃土壤。在全世界，这种刀耕火种的农业技术导致了大量烟雾的产生，进而对大气造成了严重的污染。

图片来源（下图）：美国国家航空航天局戈达德太空飞行中心的中分辨率成像光谱仪快速反应团队的杰夫·施迈尔兹

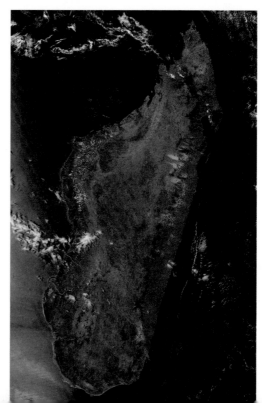

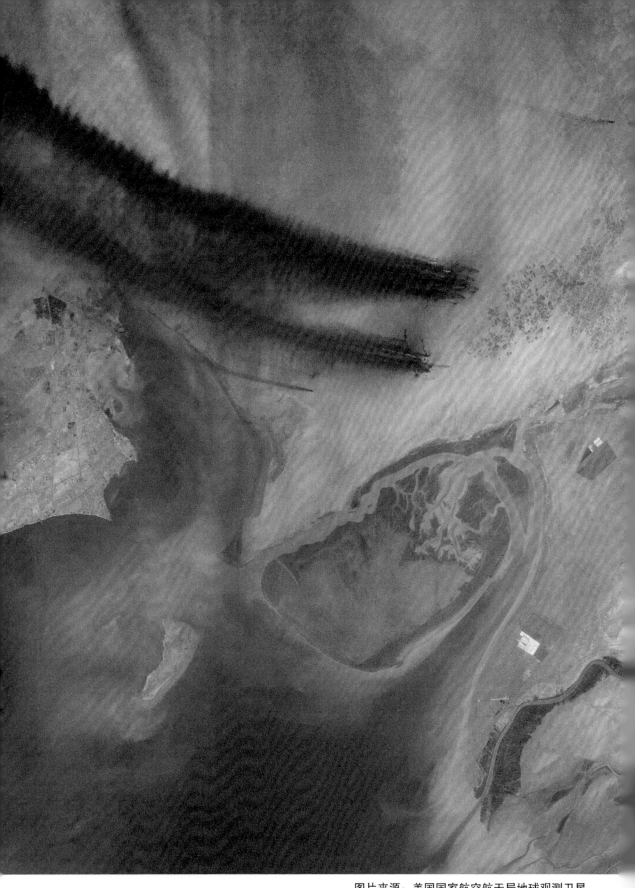

图片来源：美国国家航空航天局地球观测卫星

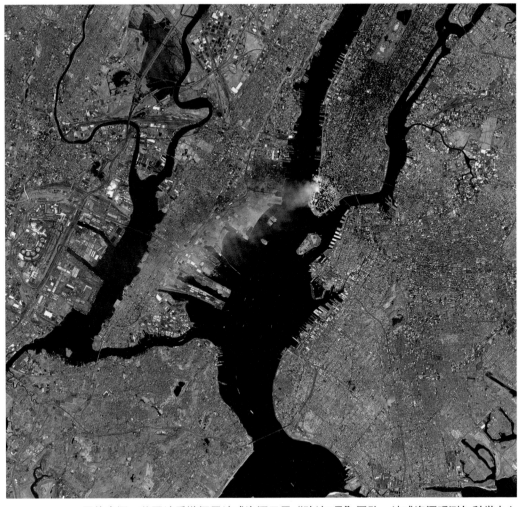

图片来源：美国地质勘探局地球资源卫星"陆地7号"团队，地球资源观测与科学中心

焦土政策

焦土政策是一种军事策略，目的在于摧毁一切可用之物，包括农作物、水源和油气等各种资源。1999年，伊拉克军队放火点燃了科威特全境的750口油井（上页图）。大火直接导致空气质量变差，同时科威特本来就非常有限的地下水供应，变得更是雪上加霜。

恐怖主义

恐怖主义对生命和地球的打击都是毁灭性的。上面的图片显示的是"9·11"事件，即在2001年9月11日上午11:30，陆地卫星7号拍摄的世贸中心被袭后的情景。

图片来源（上图）：美国国家航空航天局的地球观测图像，由杰西·艾伦和罗伯特·西蒙合成得到，并使用了EO-1团队的EO-1 ALI卫星数据

图片来源（下页图）：美国国家航空航天局，喷气推进实验室，美国国家地理空间情报局

海啸和海浪

　　海啸是由海洋中的地震引起的长波，一般在海洋深处传播，只有在接近浅水海岸时才会升高。通常来说，海啸很难在海洋中被发现和追踪。上图为2007年3月6日，由地球观测卫星1号（EO-1）上搭载的高级陆地成像仪（ALI）记录下的两种波：浅水表面波和深海波。研究深海波浪的科学家们正在了解，海浪在穿越海洋时是如何变化的，以及水底地形对海浪有何影响。

脆弱的海岸线

　　海啸和风暴会对沿海居民的生产生活造成巨大影响，尤其是像斯里兰卡这样的岛国（下页图）。图中红色标记部分的海岸线，非常容易受到由风暴潮、海平面上升和海啸等引发的洪水影响。

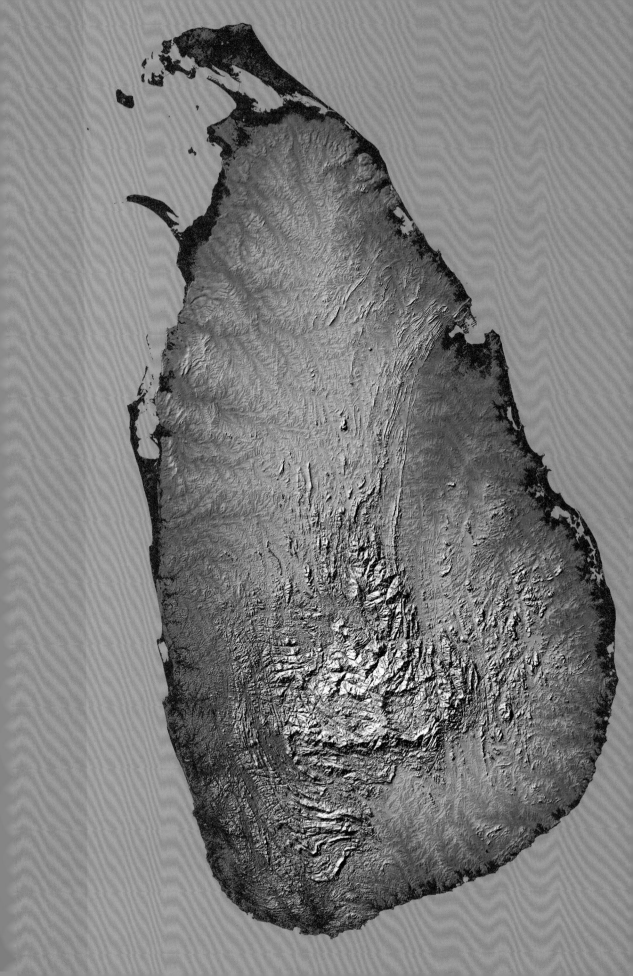

远眺地球

月球视角

下图是我们的地球家园从月球上看到样子。作为首个绕月飞行的载人航天器，阿波罗8号拍下了这张珍贵的照片。

火星视角

2016年11月20日，NASA火星勘测轨道飞行器（MRO）上搭载的HiRISE相机，拍下了这幅地球和月球的合成影像（下页，上图）。图中地球和月球对应的大小和距离比例是正确的。

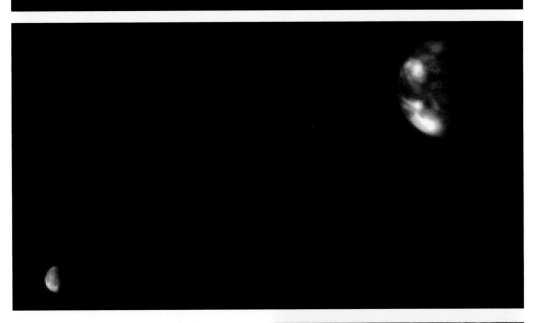

2001年，NASA发射的奥德赛号火星探测器在距离地球200万英里远的地方，拍下了这张地球和月球的合影（上中图）。

土星视角

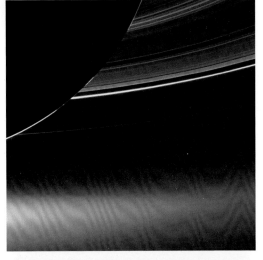

2013年7月，NASA的卡西尼号探测器拍下了右面的这两张照片。从土星这样遥远的行星往回看，地球是多么的渺小，它已经变成了一个微弱的光点，难以辨认。

图片来源（上页图、上图和上中图）：美国国家航空航天局，加州理工学院喷气推进实验室，亚利桑那大学

图片来源（右上图和右下图）：美国国家航空航天局，加州理工学院喷气推进实验室，美国空间科学研究所

观测变化中的地球

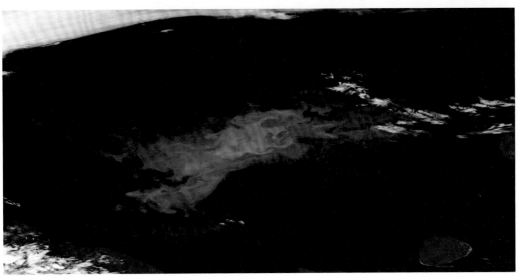

守护我们的地球

图片来源（上页图、上图和中图）：美国国家海洋和大气管理局国家资源卫星，数据和信息服务系统

我们要想成为这颗星球的好管家，就需要用我们的眼睛和仪器设备来不断地见证它。这是一个持续记录、说明、对比、预测、教育、创新、适应和享受的过程。

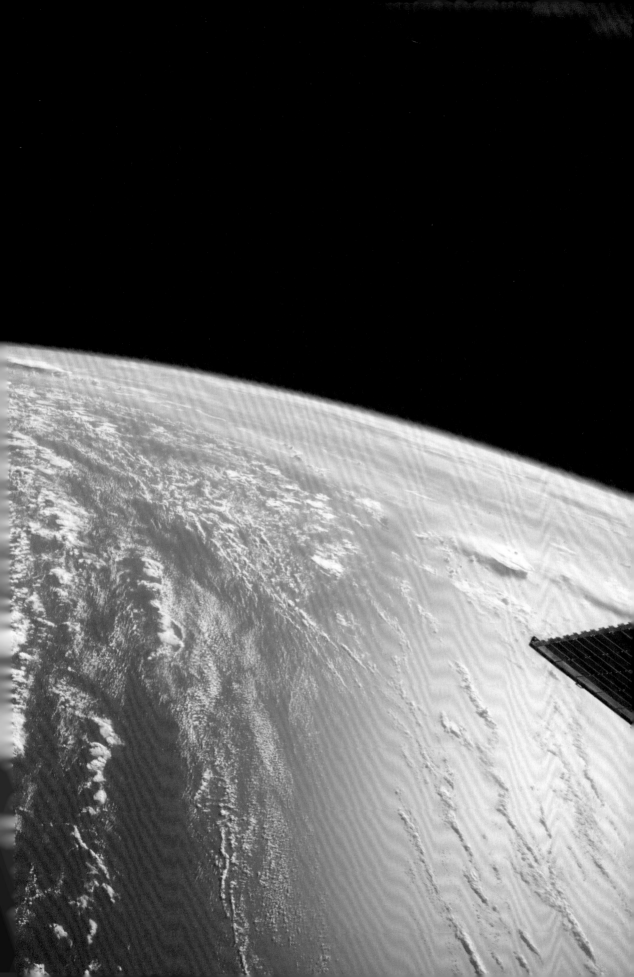